Dr. OETKER
IX
9852

Verlag Podszun Motorbücher GmbH
Elisabethstrasse 23–25, D-59929 Brilon
Herstellung Druckhaus Cramer, Greven
ISBN 3-86133-267-1

Jahrbuch 2002 Lastwagen

Bernd Regenberg

PODSZUN

Liebe Leserin, lieber Leser!

Mehr als ein Jahrzehnt ist nun vergangen seit dem historischen Zeitpunkt, als sich die Mauer öffnete und aus zwei scheinbar unvereinbaren Staatsgebieten, zwei völlig unterschiedlichen politischen und wirtschaftlichen Systemen ein wieder vereintes Deutschland entstand. Heute erscheint ein Blick zurück in die Zeiten der ehemaligen DDR wie ein Blick in eine andere Welt. Das Straßenbild war geprägt von zweitaktenden Trabis, Wartburgs und Barkas Lieferwagen, von hochbeinigen IFAs und Roburs. Schwerere Lastwagen aus der Produktion der sozialistischen „Brüderländer" CSSR und Polen bestimmten die Fuhrparks der Kraftverkehre. Stets präsent die Militärkolonnen mit russischen Lastwagen von NVA und dem großen Bruder Sowjetunion. Doch diese Zeiten sind vergangen, sind verschwunden im Schatten der Geschichte. Inzwischen entwickelt sich wieder ein nostalgisches Interesse für die Arbeitstiere des Sozialismus. Denn genauso wie die Dreiräder von Goliath und Tempo, die robusten Mercedes L 3500 und ihre Ableger oder die modischen „Weichblitze" von Opel das Rückgrat des „Wirtschaftswunders" waren und so eigentlich in alle Geschichtsbücher eingehen müssten, so haben auch die Nutzfahrzeuge aus der DDR-Produktion Geschichte geschrieben. Ihr wenig ruhmreicher Einsatz beim Mauerbau, wo die Lastwagen der NVA und der Betriebskampfgruppen omnipräsent waren, ist vielfach fotografisch dokumentiert, doch die Alltagsarbeit der genügsamen und immer wieder zum Leben erweckten Lastenträger gehört ebenso zu einem kompletten Geschichtsbild. So haben wir für dieses Jahrbuch einige Fachbeiträge zu dem Thema Nutzfahrzeuge in der DDR ausgewählt.

Einen bunten Bilderbogen quer durch die Welt der Nutzfahrzeuge bieten die übrigen Artikel dieses Jahrbuches. Wieder reichte der vorgegebene Seitenumfang nicht aus, um alle geplanten Themen realisieren zu können. Eine Reihe von angedachten Inhalten musste in die nächste Ausgabe des Jahrbuches verschoben werden. Doch aufgeschoben ist nicht aufgehoben.

Offen sind wir stets für Anregungen aus dem Kreis unserer Leserschaft. Es gibt in vielen Firmen, nicht nur im Bereich des Fahrzeugbaus, Archive, in denen Lastwagenfotos schlummern, die noch nie das Licht der Öffentlichkeit erblickten, die aber dennoch von großem historischen Wert sind. Denn Nutzfahrzeuggeschichte ist Zeitgeschichte, die bunten und mit viel Mühe gemalten Beschriftungen mit längst vergangen Firmennamen und Reklamesprüchen und die arbeitsame Szenerie der Einsatzorte gibt mehr Auskunft über den Zeitgeist als trockene Quellentexte eines wissenschaftlichen Wälzers. So bleibt die ständige Bitte an unsere Leserschaft: erschließen Sie diese Quellen und machen sie für uns zugänglich, so dass auch weiterhin interessante Artikel für Sie entstehen können. Viel Freude mit dem vorliegenden Jahrbuch und eine Menge neuer Informationen wünscht Ihnen

Ihre Redaktion „Jahrbuch Lastwagen"

Bernd Regenberg, Schlingenkamp 1, 45721 Haltern, Telefon 0 23 64/6 82 38

P.S.

Sie können das Jahrbuch Lastwagen in Buchhandlungen oder direkt beim Verlag abonnieren. Von den Ausgaben 1998, 1999 und 2000 sind noch einige Exemplare lieferbar, die Ausgabe 2001 ist vergriffen. Fordern Sie unser neuestes Gesamtverzeichnis an mit Büchern über Autos, Motorräder, Lastwagen, Baumaschinen, Feuerwehrfahrzeuge, Traktoren und Lokomotiven: Verlag Podszun Motorbücher GmbH, Elisabethstraße 23-25, D-59929 Brilon, Telefon 02961/53213, Fax 02961/2508.

„Reisen" zu Zeiten des Krieges

Mit dem MAN F 4 durch halb Europa

In Speditionschroniken heißt es oft: „ Der Lastwagen der Firma X wurde von der Wehrmacht eingezogen und kehrte nicht wieder zurück." Was mit den Fahrzeugen passierte, entzog sich in der Regel dem Wissen des Eigentümers. Bei der Firma Niehüser aus Essen blieb der eingezogene MAN F 4 allerdings noch weiterhin im Blickfeld, da der Fahrer zusammen mit seinem Stammwagen zum Militärdienst verpflichtet wurde und ihn lange Zeit begleitete. Da der Fahrer auch ein leidenschaftlicher Fotograf war, lichtete er sich, seine Kameraden und sein Fahrzeug an den verschiedensten Einsatzpunkten ab. Durch diese Fotos, die der heutige Mitinhaber der Firma Herr Lothar Niehüser auftreiben konnte, wird deutlich, welche „Reisen" die Fahrzeuge während der Zeiten des Zweiten Weltkrieges im Wehrmachtseinsatz zu unternehmen hatten.

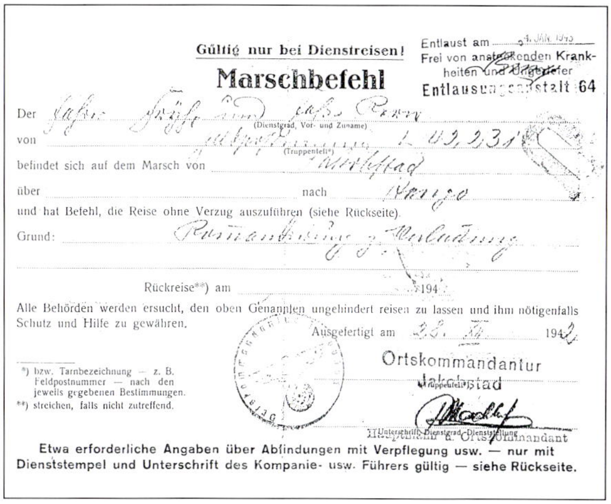

Gültig nur bei Dienstreisen!

Marschbefehl

Entlaust am 4. JAN. 1943
Frei von ansteckenden Krankheiten und Ungeziefer
Entlausungsanstalt 64

Der .... (Dienstgrad, Vor- und Zuname)
von .... (Truppenteil*)
befindet sich auf dem Marsch von ....
über .... nach ....
und hat Befehl, die Reise ohne Verzug auszuführen (siehe Rückseite).
Grund: ....

Rückreise**) am .... 194..

Alle Behörden werden ersucht, den oben Genannten ungehindert reisen zu lassen und ihm nötigenfalls Schutz und Hilfe zu gewähren.

Ausgefertigt am 1942

Ortskommandantur
Jakobstad
(Truppenteil*)

(Unterschrift, Dienstgrad, Dienststellung)
Hauptmann u. Ortskommandant

*) bzw. Tarnbezeichnung — z. B. Feldpostnummer — nach den jeweils gegebenen Bestimmungen.
**) streichen, falls nicht zutreffend.

Etwa erforderliche Angaben über Abfindungen mit Verpflegung usw. — nur mit Dienststempel und Unterschrift des Kompanie- usw. Führers gültig — siehe Rückseite.

Treffen zwischen dem Niehüser-MAN und einem weiteren Reichsbahnlastzug, einem Henschel Dreiachser 36 F 3, auf der Fahrt nach Riga 1942

Treffen mit einem VOMAG der Wuppertaler Spedition Karl Piller am Warschauer Flughafen im Februar 1942

Der MAN F 4 der Spedition Viktor Niehüser im Februar 1942 am Flughafen in Warschau

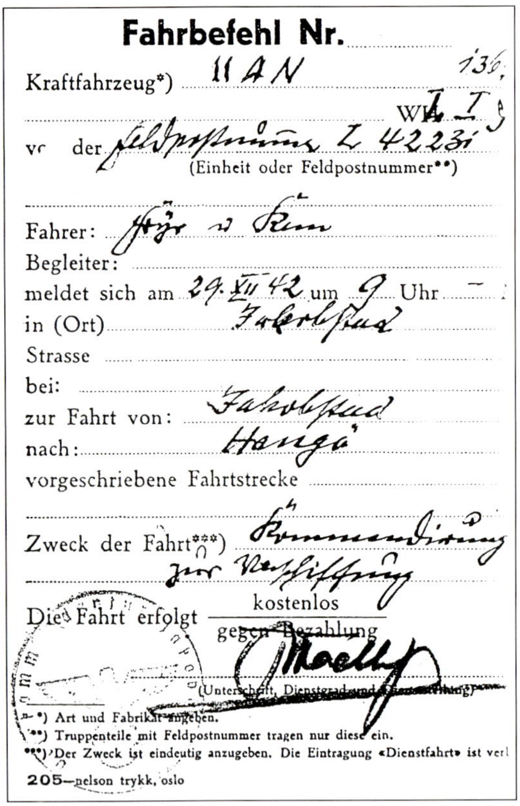

Fahrbefehl Nr. ....

Kraftfahrzeug*) MAN 136

vo der Feldpostnummer L 42231
(Einheit oder Feldpostnummer**))

Fahrer: Fryer u. Kern

Begleiter:

meldet sich am 29. XII 42 um 9 Uhr

in (Ort) Jakobstad

Strasse

bei:

zur Fahrt von: Jakobstad

nach: Hangö

vorgeschriebene Fahrtstrecke

Zweck der Fahrt***) Kommandierung zur Verschiffung

Die Fahrt erfolgt kostenlos / gegen Bezahlung

(Unterschrift, Dienstgrad und ...)

*) Art und Fabrikat angeben.
**) Truppenteile mit Feldpostnummer tragen nur diese ein.
***) Der Zweck ist eindeutig anzugeben. Die Eintragung «Dienstfahrt» ist verl

205—nelson trykk, oslo

Die Kraftfahrer Josef Fryer und Heinrich Kern werden 1942 zusammen mit ihrem Reichsbahnlastzug mit dem Kennzeichen IY-136954 an die Luftwaffe „vermietet" und nach Polen abkommandiert. So geht die Fahrt vom Heimatplatz Essen quer durch Mittel- und Ostdeutschland. Im Februar 1942 ist die Mannschaft mit ihrem Fahrzeug schon im Einsatz am Warschauer Flughafen. Eine der nächste Stationen, wohin Versorgungsgüter wie Flugzeugmotoren geliefert werden, ist Lemberg, das im heutigen Staatsgebiet der Ukraine liegt. Zu Pfingsten 1942 ist der Lastzug schon auf der Fahrt nach Riga in Lettland. Die „Europa-Tour" setzt sich fort per Schiff über die Ostsee nach Finnland und weiter nach Norden über den Polarkreis hinweg bis nach Ivalo.

Von dort aus wird der inzwischen mit einem Luftwaffen-Kennzeichen versehene MAN F 4 auf der berühmt-berüchtigten Eismeerstraße zwischen Rovaniemi und Kirkenes an der Barentssee eingesetzt. Am 28. Dezember 1942 kommt endlich der Marschbefehl durch die Ortskommandantur Jakobstad zur Fahrt nach Hangö. Der Verschiffung aus dem von Deutschland besetzten Norwegen in die Heimat steht nun nichts mehr im Weg. Nach erfolgter „Entlausung" des Fahrpersonals am 4. Januar 1943 treffen Fahrer und Fahrzeug nach ihrem „Ausflug" durch halb Europa wieder in Essen ein.

Ein weiterer ziviler Lastwagen, ein Büssing-NAG 6 Zylinder-Diesel mit wattierter Motorhaubenverkleidung am Flughafen von Ivalo in Finnland

Die Markentreuen

Spedition Klockemann in Pattensen

Die Gründung der Firma Klockemann datiert auf das Jahr 1902, als Heinrich Klockemann sich in dem südlich von Hannover gelegenen Örtchen Pattensen mit Pferd und Wagen selbständig macht. Transportiert wird alles, was sich anbietet, hauptsächlich jedoch Güter für die heimische Landwirtschaft. Dem Gründer folgt Sohn Karl und nach seinem Tode Lina Klockemann als Inhaberin und als verantwortliche Betriebsführerin.

Mit Pferdekraft geht es weiter durch die Jahre des Ersten Weltkrieges und der Inflationszeit, bis endlich 1936 die erste motorisierte Zugmaschine auf den Hof kommt. Am 2. November 1936 fährt Sohn Heinrich, der als Fahrer bei Klockemann tätig ist, nach Mannheim ins Lanz-Werk und kehrt stolz mit einem 38 PS starken Eilbulldog zurück ins heimische Pattensen. 7975 Reichsmark sollte das gute Stück laut Angebot kosten, doch soviel Geld kann der Unternehmer nicht bar auf den Tisch legen. Mit Finanzierung und mit entsprechendem Rabatt bei Selbstabholung im Werk werden dann insgesamt 8175 RM fällig. Dafür ist der Bulldog, der bei Lanz unter der Typbezeichnung D 9531 geführt wird, auch mit einem „luxuriösen" Klappverdeck ausgestattet, das den Fahrzeugführer vor den gröbsten Unbilden der deutschen Wetterlagen schützt. Und das ist notwendig, denn die durchgeführten Touren sind lang, sehr lang sogar, manchmal sogar bis hinein ins Ruhrgebiet. Zur Sonderausstattung des Bulldogs gehört auch eine Riemenscheibe. Nach Auflegen eines breiten Transmissionsriemens können landwirtschaftliche Geräte wie Dreschmaschinen damit angetrieben werden, während der Motor des Treckers mit Standgas vor sich hin blubbert.

Lanz Eil-Bulldog D 9531 mit 38 PS und Uerdinger Anhänger, das erste motorisierte Fahrzeug von Klockemann

HEINRICH **LANZ** MANNHEIM

AKTIENGESELLSCHAFT

Schlepperverkauf

Auftrags-Nr. 3051 851

Wir bitten vorstehende Nr. in Briefen, bei Zahlungen u. am Fernsprecher anzugeben.

Or.

HEINRICH LANZ A.-G. MANNHEIM

Drahtwort: Lanzwerk — Fernruf: Sammel-Nr. 3 44 11 — Reichsbank-Giro-Konto — Postscheckkonto: Karlsruhe 17800

Firma

Karl Klockemann
Fouragehandlung und
Landwirtschaft

Pattensen / Leine
- - - - - - - - - - -
Jeinserstr. 228

RECHNUNG

Gilt zugleich als Versandanzeige

Ihre Bestellung vom:	R. Nr.:	Versandart:	Liefertag:	Bezirk:
21.9.36	7702	abgeholt	2.11.36	Hannover

Wir sandten ab Lager Mannheim an:

frei – unfrei nach Station:

Wagen Nr. HL Nr. = 2 Kolli 3952 Ko.

	Stück-preis	RM.
Einen 38 PS Schwerölradschlepper „BULLDOG" Nr. 130 112 Telegr.-Bez. Verkehrs – XXXXr – Bulldog mit Rädern, als Verkehrs – XXXXr – Schlepper und Werkzeugen, Zubehör- und Ersatzteilen lt. Liste Bestell Nr. D 8531 - Eil - Bulldog mit Riemenscheibe " Hinterrädern m. Ackerluftbereifung 12,75 - 28 D 9736 " Klappverdeck	netto	8.175.--
	ab Werk Mannheim	

Zahlbar:
- - - - -

RM 1.575.-- in bar vor Lieferung der Maschine
" 200.-- in bar sofort nach Rechnungserhalt
" 1.600.-- am 15.1.37)
" 1.600.-- " 15.8.37)
" 1.600.-- " 15.1.38)
" 1.600.-- " 15.12.38)

in bereits erhaltenen Akzepten gemäss den Bedingungen der Finanzierungsgesellschaft für Landmaschinen AG., Berlin, zuzügl. Zinsen und Spesen. Die Akzepte sind von der Fa. Heinrich Stahlmann, Landmaschinen, Pattensen ausgestellt u. giriert.

8275

1

Beschwerden können nur innerhalb 8 Tagen nach Eintreffen der Sendung berücksichtigt werden.
Verpackung wird billigst berechnet und nicht zurückgenommen. – Für Lieferung und Zahlung ist **„Erfüllungsort und Gerichtsstand Mannheim"**.
Sämtliche Zahlungen sind unter Angabe obiger Auftragsnummer nach Mannheim zu leisten.

Vordruck D 178 2. g. A. Din A 4.
844 136 7 Stz. à 9

Hier wurde es zu eng für zwei entgegenkommende Gespanne. Der „gegnerische" Lastzug fährt einen zwillingsbereiften eva-Anhänger. Kritisch überwacht wird die Szenerie vom Dorfpolizisten mit typischem Tschako-Helm.

Zusammen mit dem Eilbulldog wird ein luftbereifter 8 Tonner-Anhänger Bauart Uerdingen aus der Düsseldorfer Waggonfabrik gekauft. 4262 RM müssen dafür auf den Tisch gelegt werden. Ein zweiter Pritschenwagen gleicher Bauart und vom selben niederrheinischen Hersteller kommt 1938 hinzu. Verzögerungen bei der Lieferung ergeben sich, weil das Uerdinger Werk zunächst eine avisierte Reifenzuteilung für die bereits fertiggestellten Wagen abwarten muss. Jetzt steht bei Klockemann ein leistungsfähiger, bis zu 16 t ladender Zug zur Verfügung, der auch als leistungsfähiger „Fernverkehrszug" eingesetzt wird.

Wie für viele andere Bereiche der Transportwirtschaft bringen die Anfangsjahre der nationalsozialistischen Herrschaft einen lange herbeigesehnten Aufschwung. Großsprecherische Mammutprojekte und bereits für zukünftige Kriegszüge ausgelegte Fernstraßenbauten schaffen Beschäftigungsmöglichkeiten für viele Menschen. Transportmittel werden dringend benötigt. So profitiert auch die Firma Klockemann vom Bau der Hermann-Göring-Werke in Salzgitter, einem Riesenprojekt der Stahlindustrie. Für den Bau der großflächig konzipierten Anlage müssen Landwirte, die bislang dort ihre Felder und Höfe hatten, zunächst umgesiedelt werden. Ihnen werden neue Hofstellen in der Umgebung von Pattensen zugewiesen. Da dies möglichst schnell von statten gehen soll, darf nicht jeder Landwirt seine eigenen Fantasiekonzepte verwirklichen. Von der nationalsozialistischen Planung werden ihnen standardisierte Einheitshöfe zur Verfügung gestellt, die in schnellstmöglicher Zeit von Arbeitsbrigaden hochgezogen werden. Die hierfür benötigten Steine schleppen die Bulldogs der Firma Klockemann – inzwischen ist ein zweiter Bulldog hinzugekommen – in unermüdlichem Einsatz heran.

Neben dem Transportgeschäft betreibt Klockemann von Anfang an auch einen sogenannten Fouragehandel, das heißt ein Handel mit Heu und Stroh, das direkt beim Bauern auf den Feldern und Wiesen abgeholt wird und verkauft wird an Viehhaltungsbetriebe oder große Pferdeställe. Futtermittel für Zugtiere haben in den ersten Jahrzehnten des vergangenen Jahrhunderts schließlich noch denselben Stellenwert wie Benzinlieferungen heute. Für diese Transporte werden die Seitenklappen der Anhänger heruntergelassen und mit teilweise abenteuerlichen Ladungsbreiten gefahren. Dieser Betriebszweig hilft auch, die Zeiten des Zweiten Weltkrieges zu überstehen, denn Klockemann beliefert unter anderem auch

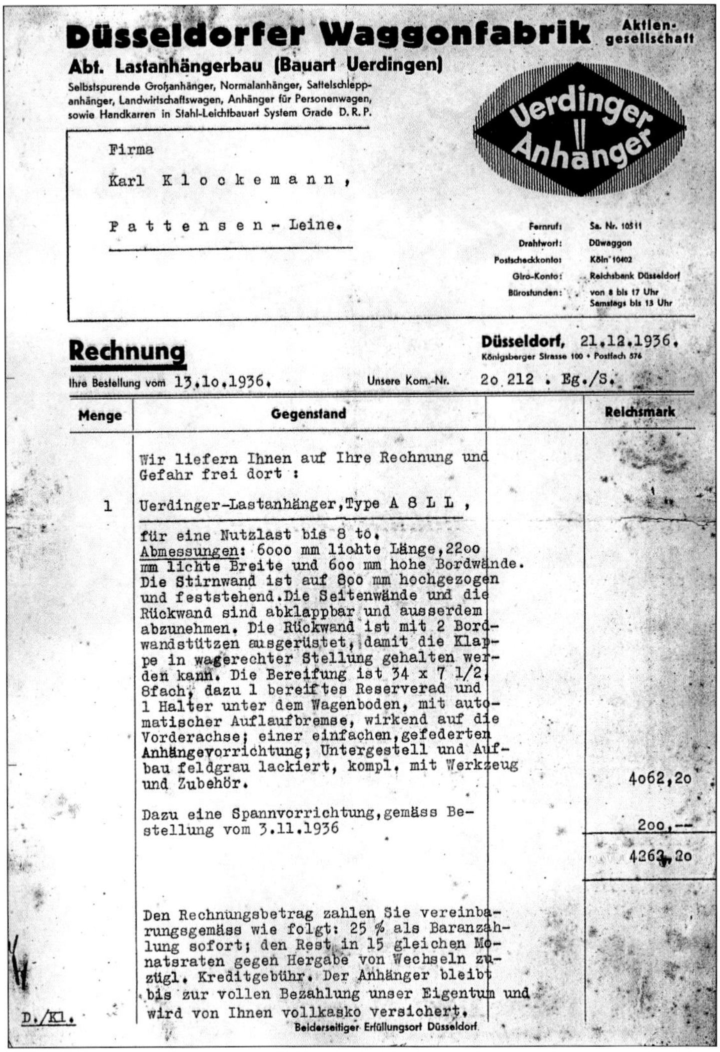

Düsseldorfer Waggonfabrik Aktiengesellschaft
Abt. Lastanhängerbau (Bauart Uerdingen)
Selbstspurende Großanhänger, Normalanhänger, Sattelschlepp-anhänger, Landwirtschaftswagen, Anhänger für Personenwagen, sowie Handkarren in Stahl-Leichtbauart System Grade D. R. P.

Uerdinger Anhänger

Firma
Karl Klockemann,
Pattensen - Leine.

Fernruf: Sa. Nr. 10511
Drahtwort: Düwaggon
Postscheckkonto: Köln 10402
Giro-Konto: Reichsbank Düsseldorf
Bürostunden: von 8 bis 17 Uhr, Samstags bis 13 Uhr

Rechnung

Düsseldorf, 21.12.1936.
Königsberger Strasse 100 • Postfach 576

Ihre Bestellung vom 13.10.1936. Unsere Kom.-Nr. 20.212 . Eg./S.

Menge	Gegenstand		Reichsmark
	Wir liefern Ihnen auf Ihre Rechnung und Gefahr frei dort :		
1	Uerdinger-Lastanhänger, Type A 8 L L , für eine Nutzlast bis 8 to. Abmessungen: 6000 mm lichte Länge, 2200 mm lichte Breite und 600 mm hohe Bordwände. Die Stirnwand ist auf 800 mm hochgezogen und feststehend. Die Seitenwände und die Rückwand sind abklappbar und ausserdem abzunehmen. Die Rückwand ist mit 2 Bordwandstützen ausgerüstet, damit die Klappe in wagerechter Stellung gehalten werden kann. Die Bereifung ist 34 x 7 1/2, 8fach, dazu 1 bereiftes Reserverad und 1 Halter unter dem Wagenboden, mit automatischer Auflaufbremse, wirkend auf die Vorderachse; einer einfachen, gefederten Anhängevorrichtung; Untergestell und Aufbau feldgrau lackiert, kompl. mit Werkzeug und Zubehör.		4062,20
	Dazu eine Spannvorrichtung, gemäss Bestellung vom 3.11.1936		200,--
			4262,20
	Den Rechnungsbetrag zahlen Sie vereinbarungsgemäss wie folgt: 25 % als Baranzahlung sofort; den Rest in 15 gleichen Monatsraten gegen Hergabe von Wechseln zuzügl. Kreditgebühr. Der Anhänger bleibt bis zur vollen Bezahlung unser Eigentum und wird von Ihnen vollkasko versichert.		

D./Kl.

Beiderseitiger Erfüllungsort Düsseldorf.

das Proviantamt der Wehrmacht in Bergen-Belsen. Klockemann bringt Heu und Stroh für die Pferde des dort stationierten Militärs. So werden die Bulldogs als „kriegswichtig" eingestuft und somit nicht requiriert.

In den vierziger Jahren bullert Klockemann zweimal pro Woche mit dem Bulldog und zwei Hängern von Pattensen die lange Strecke bis ins Ruhrgebiet, quer durch die Berge und Täler der dazwischenliegenden Mittelgebirge. Wer jemals auf einem Bulldog saß und das rhythmische Hämmern der Maschine im Rückgrat spürte, kann ermessen, welche Anstrengung diese Tour bedeutete. Als Ladung gibt es Kohle aus den Zechen in Essen oder Bottrop. Mit Fortschreiten des Krieges und Zunahme der alliierten Bombardierungen kommen als „Ladegut" für die Hintour Flüchtlinge mit ihrem Hab und Gut hinzu, die das ausgebombte Hannover mit seinen industriellen Angriffszielen fliehen.

Der letzte Bulldog läuft bis 1964 im täglichen Einsatz. Danach stehen nur noch Lastwagenzüge auf dem Hof. Der erste Lastwagen ist ein MAN und bis heute ist die Firma Klockemann dem bayerischen Hersteller als Kunde treu geblieben. Das 1937 beschaffte Fahrzeug ist ein Pritschenwagen aus der Z-Serie mit 80 PS. Immer stehen aber noch zwei Zugpferde im Dienste des Fuhrbetriebes.

Nach Kriegsende wird ein allradgetriebener Büssing 105er des Typs 5000 A mit LD-Motor beschafft. Der Allradantrieb bringt Vorteile beim Abholen von Stroh auf den Feldern und bei der Belieferung von Baustellen. Ein weiterer Vorteil zeigt sich, als das hintere Differenzial Probleme macht. Dann reicht noch der Vorderradantrieb um das Gefährt sicher nach hause zu bringen. Doch dieser Büssing wird 1947 in einer Winternacht, die er zusammen mit seinem Anhänger geschützt in einer Scheune in Pattensen verbringt, von seinem Standplatz weg gestohlen. Zum Glück ist der Anhänger nicht angekuppelt, so dass der Dieb nur den Motorwagen mitnimmt.

Trotz polizeilicher Ermittlungen findet sich keine Spur von dem für die Firma lebenswichtigen Fahrzeug. Auch der Büssing eigene Suchdienst wird eingeschaltet. Dieser bietet als Service für Büssing-Besitzer, die Daten des entwendeten Fahrzeugs an alle Filialen und Vertretungen weiterzugeben und sie aufzufordern, bei Ersatzteilanforderungen auf das eventuelle Vorkommen dieser Nummern zu achten, doch in diesem Falle ebenfalls ohne Erfolg. In jenen Mangelzeiten kann man nicht einfach zur Versicherung gehen, den Schaden melden und sich alsbald einen Neuwagen beschaffen. Neue Lastwagen gibt es nur

Alle Behörden werden gebeten, dem Inhaber dieses Ausweises bei Ausübung seiner Tätigkeit Schutz und Hilfe zu gewähren.

Bei Erteilung behördlicher Aufträge für gewerbliche Fuhrleistungen wird auf die Runderlasse des Herrn Reichsverkehrsministers K S 2 p. 2460/35 vom 30. 8. 35, K S 19 p. 4920/35 vom 2. 1. 36, sowie auf die Anordnung des Herrn Reichsschatzmeisters Schwarz für die Dienststellen der N.S.D.A.P. vom 21. 9. 35 ergebenst verwiesen.

Berlin, den 19. Mai 1938

Reichsverkehrsgruppe Kraftfahrgewerbe

Der Leiter

I. A.

Hauptgeschäftsführer

Wichtig!

Dieser Ausweis ist gültig bis auf Widerruf, bleibt Eigentum der Reichsverkehrsgruppe Kraftfahrgewerbe und ist auf Verlangen zurückzugeben.

A. v. Lochner, München, Neuhauserstraße 33

Reichsverkehrsgruppe Kraftfahrgewerbe

Sitz Berlin

Fachgruppe: Güternahverkehr

Mitglieds-Ausweis

№ N 43340

(nicht übertragbar)

für Fa. Karl Klockemann

Jnh. Lina K l o c k e m a n n

Wohnort: Pattensen - Leine /Hann.

Straße: Jeinserweg 228

Tag der Aufnahme: 1. April 1938

6/Niedersachsen

Auszug

aus der Verordnung des Herrn Reichsverkehrsministers über den organischen Aufbau des Verkehrs vom 25. September 1935.

(Zweite Verordnung zur Durchführung des Gesetzes zur Vorbereitung des organischen Aufbaues der deutschen Wirtschaft vom 27. 2. 34 Reichsgesetzbl. I S. 185)

Aufgrund des § 5 Abs. 2 des Gesetzes zur Vorbereitung des organischen Aufbaues der deutschen Wirtschaft vom 27. Februar 1934 (Reichsgesetzbl. I S. 185) in Verbindung mit § 44 der I. Verordnung zur Durchführung dieses Gesetzes vom 27. Nov. 1934 (Reichsgesetzbl. I S. 1194) und zur Durchführung des § 1 des Gesetzes zur Vereinfachung und Verbilligung der Verwaltung vom 27. Februar 1934 (Reichsgesetzbl. I S. 130) wird im Einvernehmen mit dem Reichswirtschaftsminister und dem Reichsminister des Innern verordnet:

Abschnitt III
Zugehörigkeit zur Organisation des Verkehrsgewerbes.

§ 7

1. Der Reichsverkehrsminister bestimmt durch allgemeine Anordnung die Gruppen der fachlichen Gliederung und grenzt ihre Fachgebiete ab. Er gibt die Gruppen im „Deutschen Reichsanzeiger und Preußischen Staatsanzeiger" bekannt. Durch die Anordnung werden die Unternehmer und Unternehmungen (natürliche und juristische Personen), die auf dem Fachgebiet selbständig tätig sind oder tätig werden, Mitglied der zuständigen Reichsverkehrsgruppe.

2. Die Zugehörigkeit zum Verkehrsgewerbe endet, soweit nichts anderes durch Gesetz, Verordnung oder Satzung der einzelnen Gruppen bestimmt wird, mit der dauernden Einstellung der die Zugehörigkeit begründenden Tätigkeit.

§ 8

Unternehmer und gesetzliche Vertreter von Unternehmungen haben sich vor Ausübung, Beginn und Einstellung einer die Zugehörigkeit begründenden Tätigkeit bei der zuständigen Gruppe zu melden und ihr die für die Feststellung der Zugehörigkeit und die Beitragsberechnung notwendige Auskunft zu erteilen.

§ 9

Die Mitglieder der Reichsverkehrsgruppe werden von dem Leiter der Reichsverkehrsgruppe unter Ausschluß eines Beschwerderechts den Fachgruppen und Fachuntergruppen sowie deren bezirklichen Gliederungen zugewiesen.

Abschnitt IV
Betreuungsgruppe.

§ 15

4. Erstreckt sich der Geschäftsbereich eines Unternehmers oder einer Unternehmung auf mehrere Reichsverkehrsgruppen, so wird der Unternehmer oder das Unternehmen Mitglied bei allen beteiligten Reichsverkehrsgruppen. Die Reichsverkehrsgruppe, in deren Rahmen das Schwergewicht der fachlichen Betätigung des Mitgliedes liegt, hat neben der fachlichen Betreuung auf ihrem Gebiet auch seine allgemeine Betreuung zu übernehmen – Betreuungsgruppe —. Die übrigen Reichsverkehrsgruppen betreuen das Mitglied nur in ihren besonderen Fachfragen.

5. Die Mitgliedsbeiträge werden für alle Reichsverkehrsgruppen von der Betreuungsgruppe in einer Summe eingezogen und auf die beteiligten Reichsverkehrsgruppen verteilt.

Abschnitt V
Aufgaben und Pflichten.

§ 16

3. Die Mitglieder der Gruppen haben den Weisungen des Leiters, die durch den Zweck der Gruppe und durch den Zusammenschluß der Verkehrsträger bedingt sind, zu folgen.

§ 17

1. Der Leiter der Fachgruppe kann Mitglieder, die seinen Weisungen oder den Weisungen des zuständigen Leiters trotz wiederholter schriftlicher Aufforderung vorsätzlich zuwiderhandeln, durch Ordnungsstrafen bis zu 1000 Reichsmark anhalten, den Weisungen zu folgen. Gegen die Festsetzung einer Ordnungsstrafe ist innerhalb von zwei Wochen nach Zustellung die Beschwerde an den Leiter der Reichsverkehrsgruppe zulässig. Dieser entscheidet endgültig.

2. Die Ordnungsstrafen werden durch die Industrie- und Handelskammer nach den landesrechtlichen Vorschriften über die Beitreibung von Gemeindeabgaben eingezogen und sind an die Reichsverkehrsgruppe abzuführen.

Abschnitt XI
Schlußbestimmungen.

§ 35

1. Unternehmer und Unternehmungen des Verkehrs (Verkehrsgewerbe) im Sinne dieser Verordnung sind:

Die Unternehmer und Unternehmungen (natürliche und juristische Personen) des Verkehrsgewerbes, und zwar des privatwirtschaftlichen Verkehrsgewerbes sowie aller Verkehrsunternehmungen der Länder, Gemeinden und Gemeindeverbände.

2. Zum Verkehrsgewerbe im Sinne dieser Verordnung gehören nicht die öffentlich-rechtlich verwalteten Verkehrsbetriebe des Reiches.

Allradgetriebener Büssing 5000 A mit LD-Motor

MAN MK der ersten Nachkriegsgeneration

MAN F 8 bei einer Freiluft-Reparatur in Fulda im September 1959

für besonders „wichtige" Betriebe und für die Fuhrparks der Besatzungstruppen. Der normale Spediteur kann von größten Glück berichten, wenn er aus ehemaligen Wehrmachtsbeständen einen „ausgelutschten" Wagen ergattern kann.

Jahre später wird Klockemann zugetragen, wo sich sein ehemaliger Besitz befindet. Der Büssing war direkt in die damalige „Ostzone" verfrachtet und dort von dem Dieb in seinem Fuhrgeschäft verwendet worden. Er erhielt eine neue Zulassung unter dem Kennzeichen ST 27-0934 aus der sowjetischen Besatzungszone und wurde später einem ahnungslosen Fuhrunternehmer verkauft. Als dieser zufällig im Wagen einen Lieferschein auf den Namen Klockemann findet, ruft er in Pattensen an. Klockemann reklamiert seine Besitzansprüche, aber der neue Besitzer möchte sich verständlicherweise nicht von seinem teuer erworbenen Gut trennen. Es kommt zu gerichtlichen Auseinandersetzungen, die in der Entscheidung gipfeln, dass Klockemann seinen Büssing wieder zurückerhalten muss. So weit, so gut. Doch inzwischen ist aus der ehemaligen Ostzone der neue unabhängige Arbeiter- und Bauernstaat namens DDR geworden. Jetzt ist der Gegner nicht mehr der private Thüringer Fuhrunternehmer, sondern der ganze Staatsapparat des neuen Landes. Ein Rechtsanwalt in Altenburg erhält zwar die Genehmigung zur „Zwangsvollstreckung des Lkw's Büssing", doch eine Überführung des Lkw nach den Westzonen bedarf in jedem Fall der Genehmigung des DDR-Verkehrsministeriums über die Arbeitsgemeinschaft Straßenverkehrsamt Altenburg. Es wird vorgeschlagen, dass Klocke-

MAN F 8 mit „Topsleeper" von Pieper aus Hannover

Unimog U 406, aufgenommen 1967

mann das Fahrzeug in Altenburg belässt und an den dortigen Bezirkskonsumverein vermietet, da dieser „bereits Eigentümer eines Teiles der zum Lkw gehörigen Reifen ist". Der Antrag an das Verkehrsministerium wird aus Berlin positiv beschieden, der Lkw dürfte jetzt in die britische Zone, zu der Pattensen gehört, überführt werden. Doch der Behördenweg ist damit nicht zuende. Es heißt in dem Schreiben aus Berlin: „Wir stellen Ihnen daher anheim, einen Antrag zur Erteilung der Ausfuhrgenehmigung für Ihren Lastkraftwagen bei dem Herrn Ministerpräsidenten des Landes Thüringen – Hauptabteilung Innerdeutscher Handel – Außenhandel und Materialversorgung in Weimar, Stalinstraße Nr. 9/11, einzureichen und empfehlen Ihnen, dieses Schreiben dort zur Vorlage zu bringen. Hier bestehen gegen die Ausfuhr Ihres Fahrzeuges an seinen rechtmäßigen Standort keine Bedenken." Doch wie so häufig in Politik und Bürokratie, weiß die rechte Hand nicht genau was die linke macht und entscheidet sich ganz anders. Als Heinrich Klockemann am Standort des Büssings ankommt, wird er unmissverständlich vor die Wahl gestellt, ein-

MAN 415 mit extralanger 7 m-Brücke für den Strohtransport (das Typenschild stammt von einem „Pausbacke"-Modell)

Ein Fahrzeug, das es bei MAN offiziell nie gab: Typ 635 mit Allradantrieb, langem Radstand und Schlafkabine für den Strohtransport direkt vom Feld zum Abnehmer in den Niederlanden

gesperrt zu werden, weil er „volkseigenes" Gut – dies ist der Lastwagen im Rahmen der Kollektivierung inzwischen geworden – aus dem Lande bringen will oder ohne den Wagen nach Hause zurückzufahren. Klockemann entscheidet sich für das Letztere und beendet damit den Ausflug der Firma in markenfremde Gefilde.

MAN hat schon wieder den Ersatz für den Büssing geliefert und Klockemann fährt ein Modell MK der ersten Nachkriegsserien, noch mit der kantigen Haube des Vorkriegsdesigns. Ein zweiter MK folgt als Kipperversion. Mit ihm werden vorwiegend Kohlen und Briketts gefahren.

1947 wird erstmals wieder eine Messe am traditionellen Standort Hannover abgehalten, das erste Schaufenster der deutschen Industrie nach dem Kriege, wo neue Kontakte geknüpft und alte durch das nationalsozialistische Regime verschüttete Partnerschaften wieder aufgefrischt werden sollen. Natürlich ist auch die Firma MAN mit dabei. Doch die Hotelsituation im zerbombten Hannover ist wenig rosig. So suchen die Beauftragten des MAN-Werkes händeringend nach einer Unterkunftsmöglichkeit für die Zeit der Messe. Zufällig ergibt sich ein Kontakt zwischen dem alten MAN-Kunden Klockemann und dem MAN-Direktor Härtel. So kommt es, dass Härtel und sein technischer Direktor und Verkaufsleiter für Berlin Herr Ebell bei Klockemanns in Pattensen unterkommen. Als Dankeschön für die Gastfreundschaft vermittelt Härtel einen Transportauftrag über Traktoren vom MAN-Werk Nürnberg zu den Händlern. Diese damals geschlossene Geschäftsbeziehung besteht heute im 54. Jahr. Allerdings baut MAN schon seit langem keine Traktoren mehr. Vielmehr führt Klockemann jetzt die verschiedensten Transportaufträge für die MAN-Werke in München und Salzgitter aus.

MAN ist und bleibt die Hausmarke von Klockemann. Den Lastwagen aus der MK-Baureihe folgen schwerere Fernverkehrsfahrzeuge der Typen F8 und 758 L 1. Immer noch bietet der Ackerschlepper-Transport ein beruhigendes Auftragspolster. Allerdings ist die Pritsche der Haubenwagen gerade lang genug, um zwei Traktoren hintereinander unterzubringen. Für eines der zu dieser Zeit im Fernverkehr üblichen Schlafabteile in Schwalbennest-Konstruktion, die in den oberen Laderaum hineinragt, ist kein Platz da, denn die Hauben der MAN-Traktoren ragen massiv nach oben. Klockemann macht aus der Not eine Tugend und beauftragt die Firma Karosserie Pieper aus Hannover damit, oben auf die Kabine der Hauben-

MAN 10.215 BF mit kippbarem Fahrerhaus und Kässbohrer-Anhänger im Winter 1967/68

fahrzeuge einen Kasten mit integriertem Bett zu setzen und nimmt damit die heute bei Volumenfahrzeugen hochmodernen „Topsleeper" bereits in den fünfziger Jahren vorweg.

Es folgen in den fünfziger und sechziger Jahren die ersten Frontlenker im Fernverkehr, schwere „Pausbacke"-Modelle der Typen 10.210 und 10.212 mit feststehenden Schlafkabinen und dann in gleicher Form die Typen 10.215 BF mit Kipp-Fahrerhaus. Im Nahverkehr werden Haubenwagen der Typen 415, 635, 650 und 770 eingesetzt. Eine Besonderheit ist ein 415 Frontlenker mit extralanger 7 m-Brücke, den Klockemann zum Strohfahren einsetzt.

Bis 1974 wird das Fouragegeschäft aufrechterhalten und speziell für diesen Zweck werden einige Sonderfahrzeuge beschafft. So gibt es bei Klockemann ein Modell, das laut Lieferprogramm bei MAN nie existierte: ein 635 Haubenwagen mit Allradantrieb und 6,1 m langer Brücke. Ist schon die lange Ladefläche eine Spezialität, so ist noch seltener die Kombination des Ganzen mit einer verlängerten Schlafkabine. Mit diesem Fahrzeug wird Stroh in die Niederlande gefahren. Da die Fahrer ohne Fahrzeitüberschreitung die Strecke nicht in einer Tour erledigen können, benötigen sie die Schlafkabine. Da das Stroh direkt auf den manchmal recht matschigen Feldern abgeholt wird, bleibt man ohne Allradantrieb zu leicht stecken.

Den Fernverkehrsbereich decken in der Folgezeit MAN Frontlenker mit F 8-Fahrerhäusern und Modelle der F 90-Baureihe ab. Unter dem heutigen Chef, der in alter Klockemann-Tradition wieder Karl heißt, fahren MAN 26.403 aus der F 2000-Generation mit Nachlaufachsen und Voll-Luftfederung auf nationalen und internationalen Routen. Fünf Züge laufen im Fernverkehr und zwei auf kürzeren Strecken.

Ich danke Herrn Karl Klockemann für die Informationen über sein Unternehmen.
Alle Fotos entstammen aus dem Firmenarchiv der Spedition Klockemann.

MAN 10.212 F mit feststehender Kabine

Leichte und schwere MAN Frontlenker in den achtziger Jahren

MAN 19.332 FLL mit Wechselaufbau, aufgenommen 1990 an der Autobahn bei Herford

MAN 15.240 H, aufgenommen 1985

Die heutige Oldtimer-Flotte von Klockemann: Lanz Eilbulldog und MAN Hauber

Werbewagen von Dr. Oetker

Von Bielefeld aus in Stadt und Land

Die letzten Werbewagen des Nahrungsmittelherstellers Dr. Oetker Bielefeld werden 1959 aus dem Betrieb genommen. Mit dem wachsenden Verkehr in den Städten und Dörfern wurde es immer schwieriger, einen Platz im Zentrum einer Stadt zu finden, wo man das großräumige Zelt aufbauen konnte, das sich an den Werbewagen anschloss. Zudem erteilten die Behörden kaum noch die Genehmigung für eine weithin schallende Lautsprecher-Werbung mit Musik und Durchsagen.

Die Firma Dr. Oetker – gegründet im neunzehnten Jahrhundert durch Kommerzienrat Dr. August Oetker, dem es 1892 erstmals gelang, ein gutes Backpulver herzustellen – hat dabei eine lange Tradition im Einsatz von speziellen Werbewagen. Bereits in den zwanziger Jahren erkannte man die Wichtigkeit der Werbung für einen erfolgreichen Verkauf. Es begann die Ära der Markenprodukte, bei denen schon der Markenname mit bestimmten Eigenschaften verknüpft wurde, sei es ein besonderes Qualitätsmerkmal oder ein außergewöhnlicher Lebensstil.

Früher kannte der Verbraucher nur den Namen des Einzelhändlers, von dem er die Ware bezog, nicht aber den des Produzenten. Bald galten Herkunftsbezeichnungen als Garanten für besondere Qualität,

Auslieferungsfahrer von Dr. Oetker in den dreißiger Jahren mit Pferdefuhrwerk und luftgekühltem Krupp L 2 H 42

Fuhrpark von Dr. August Oetker im Jahre 1915

z. B. Bielefelder Leinen oder Solinger Stahlwaren. Die Markenware war aber erst geboren, als Fabrikanten auf die Idee kamen, ihre Waren mit ihrem Namen kenntlich zu machen. Das später auch rechtlich geschützte Warenzeichen diente jetzt zur Unterscheidung von anderen Produkten gleicher Art. Oft konnte das Zeichen aber nicht auf der Ware selbst angebracht werden, Mehl oder Zucker wurde beim Krämer in mitgebrachte Behältnisse oder in anonyme Papiertüten geschaufelt. So ergab sich die Notwendigkeit von besonderen Verpackungen wie Beuteln und Schachteln. Die Verpackung schützte jetzt nicht nur vor Verfälschungen, sondern sie bot auch Schutz vor Verderb, Verstaubung oder Aromaverlust. Zudem verbürgte sie das richtige Gewicht sowie einen überall gleichen aufgedruckten Verkaufspreis.

Das geschützte Markenlogo mit einem hohen Wiedererkennungswert musste dem potenziellen Kunden jedoch allüberall vor Augen sein. Was lag da näher als die großflächigen Aufbauten der Nutzfahrzeuge für eine Reklamebeschriftung zu entdecken. Teilweise wurden dabei nur die Flächen zur Aufbringung der Werbebotschaft genutzt. Besonders populär waren in den zwanziger Jahren aber auch Karosserien, die die Form des zu bewerbenden Produktes an-

Büssing Dreiachser Typ 80 auf Liefertour in den dreißiger Jahren

NAG K09 Werbewagen von 1931 mit Gaubschat-Aufbau

nahmen, seien es komplette fahrende Getränkeflaschen mit einem nach vorn ragenden Flaschenhals über dem Motor und einem insgesamt runden Karosseriekörper oder rollende Reisekoffer mit Verschlüssen und Tragegriff auf dem Dach.

Ein weiterer Schritt auf den Kunden zu war die Entwicklung von Ausstellungs- und Vorführwagen. Bei diesen konnten die Interessenten die Produkte durch großflächige Fensterscheiben im Aufbau betrachten oder sogar im Wageninneren an Schauvorführungen teilnehmen. Die Vorführwagen besaßen außer dem Publikumsraum einen zusätzlichen abgetrennten Bereich für den Aufenthalt des Personals und für Bürotätigkeiten. Diese in der Regel auf Lastwagenfahrgestellen, meist aber in Niederrahmenbauweise mit gekröpftem Chassis, aufgebauten Fahrzeuge waren flexibel einsetzbar, insbesondere auf dem „platten Land", wo viele Gebiete noch nicht von Eisenbahnlinien erschlossen waren.

Die Verwendung eines motorgetriebenen Verkehrsmittels signalisierte dem Dorfbewohner zudem, dass er es hier mit einer zukunftsorientierten modernen Firma zu tun hatte, und er übertrug diese positi-

Der „Napfkuchen"-Anhänger für die Stromversorgung

NAG KO8 Werbewagen Werksbild: NAG

ven Eindrücke auf das beworbene Markenprodukt. Die schmucken hell lackierten und blitzblank geputzten Werbemobile hoben sich wohltuend ab von den ansonsten üblichen schmutzigen und stinkenden Nutzfahrzeugen der damaligen Zeit. Dem Reiz der technischen Neuheit konnte sich auch die männliche Bevölkerung nicht entziehen. Denn obwohl die Dr. Oetker-Leute nur die Hausfrauen ansprachen, waren im Endeffekt die Männer die eigentliche Zielgruppe für die Puddings und Kuchen, die man aus den Dr.Oetker-Produkten herstellen konnte. Und wenn man die Männer fasziniert hatte, war es ein leichtes, auch den Frauen das Produkt „schmackhaft" zu machen.

Der Innenraum des NAG Werbewagens im Auslieferungszustand

Neben dem optischen Reiz sprach auch ein rein praktischer Grund für den Einsatz von motorisierten Nutzfahrzeugen. Sie waren wetterunabhängig und schützten die feuchtigkeitsempfindlichen Produkte.

Die Niederrahmen-Bauweise der Fahrgestelle, wie sie in den dreißiger Jahren als Basis für Omnibusse aber auch für Lastwagen geliefert wurde, brachte mehrfache Vorteile für die Gestaltung der Werbewagen. Zum einen sahen sie durch die „geduckte" Haltung schnittiger aus. Zweitens waren die Einstiegsstufenhöhen durch die niedrige Höhe des Aufbaus kundenfreundlich niedrig. Und ganz besonders wussten es die Fahrer zu schätzen, dass die Konstruktion des Aufbaus eine relativ geringe Gesamtbauhöhe aufwies, ein nicht zu unterschätzender Vorteil, wenn man vor einem Torbogen oder einer Unterführung steht und wegen einiger Zentimeter Höhe Umwege von mehreren Kilometern in Kauf nehmen muss.

VOMAG aus den dreißiger Jahren, ein umgerüsteter ehemaliger Werkstattwagen

Der erste Reklamewagen der Bielefelder Firma besaß ein NAG Fahrgestell des Typs K 09 mit 100 PS Benzinmotor. 1931 hatte ihn der Berliner Karossier Gaubschat gestaltet. Durch die großen Fensterflächen war es möglich, fast in alle Innenbereiche hineinzublicken. In dem großen Schauraum, der durch eine seitliche Tür betreten und im Durchgangsprinzip – nachdem die Kunden durch Kostprobenabgabe, Beratung, Prospektverteilung und Bücherverkauf „werblich erfasst" waren – durch eine zweite Tür verlassen wurde, verabreichten die Vorführer Kostproben der Dr.Oetker-Produkte an die interessierten Konsumenten. Die Proben wurden schauwirksam und unter den Augen des Publikums in der bordeigenen, komplett mit Koch- und Backherden von Siemens & Schuckert eingerichteten Küche zubereitet. Auch eine Spüleinrichtung und eine Warmwasserversorgung fehlten nicht.

NAG Werbewagen beim Einsatz in einer süddeutschen Stadt

NAG der zweiten Generation mit wartungsfreundlicherer zweiachsiger Ausführung des Stromerzeugungsanhängers

Um die Werbebotschaft wiederholt und weiträumig zu verbreiten, verfügte der Wagen über eine Siemens & Halske Lautsprecheranlage, mit der Schallplattenmusik übertragen wurde und mit der Vorträge per Mikrophon gehalten wurden. Um Werbefilme vorführen zu können, wurde ein Tageslicht-Filmprojektor mitgeführt. Im Dach des Wagens war ein Stummfilmprojektor integriert, der ein selbsttätig ablaufendes Endlosfilmband auf eine Scheibe über der Rückwand des Wagens projizierte.

Den notwendigen Strom mit bis zu 10 000 Watt , eine Energie, die ausreichen würde, um 100 Haushaltungen der damaligen Zeit mit Licht zu versorgen, erzeugte ein Generator in einem einachsigen Anhänger. Verborgen war die ganze Technik in der Form eines riesigen Napfkuchen, bei dessen Anblick Alt und Jung das Wasser im Munde zusammenlief. In dem ebenfalls von den Fahrzeugwerken Fritz Gaubschat, Berlin-Neukölln gestalteten Meisterwerk ist auf engstem Raum ein kleines Elektrizitätswerk installiert. Da die optisch ausgefallene Verkleidung den Zugang zum Aggregat bei Reparaturen stark behinderte, wurde später der Kuchen auf eine Art Tisch-Anhänger gesetzt.

Rundum ist das Stromerzeugungsaggregat zugänglich.

Der VOMAG Werbewagen II im Einsatz im Ruhrgebiet, hier in Herne am 25. Juli 1936. Der Andrang ist, wie man sieht, überwältigend.

Die guten Erfahrungen mit dem ersten, im August 1931 erstmals auf die Reise geschickten NAG-Werbewagen führten zu weiteren Fahrzeugen. Zu Beginn des Zweiten Weltkrieges besaß die Firma Dr. Oetker drei große Werbe- und fünf Filmwagen

Wagen II war ein Werkstattwagen, den die Vogtländische Firma VOMAG als fliegende Autoreparaturstelle hergerichtet hatte. Dieser wurde von Oetker entsprechend umgerüstet. Eine breite Treppe an der Rückwand eröffnete den Zugang so, dass beide Längsseiten für die werbliche Ausstattung mit Vitrinen zur Verfügung standen. Dieser Wagen wurde bei Kriegsausbruch von der Wehrmacht beschlagnahmt und wieder als Werkstattwagen eingesetzt.

Filmwagen waren ein weiteres Werbemittel, das die Dr. Aug. Oetker-Leute als Medium für die Werbung erschlossen. Nachdem ein Kulturfilm über die Arbeitsabläufe in einem großen Nährmittelwerk mit großem Erfolg in vielen Lichtspielhäusern gezeigt worden war, wollte man diesen Film auch in Orten zeigen, die noch kein Kino besaßen. Also beschaffte man einige billige Brennabor Personenwagen des Typs 6/25, belud diese mit noch stummen Vorführapparaten und schickte ausgebildete Leute damit aufs Land. Sie führten die Filme in der Regel in Gasthaussälen vor.

Ab 1932 kamen größere Lautsprecherwagen auf mittelschweren Lastwagenfahrgestellen hinzu, in denen auch Kostproben verabreicht werden konnten.

VOMAG Werbefahrzeug aus den dreißiger Jahren, ein umgerüsteter ehemaliger Werkstattwagen

Die Gesichter der Kinder zeigen, wie gut die Puddingpröbchen schmecken, die im VOMAG-Werbewagen verteilt wurden.

Die ersten zwei Tonfilmwagen wurden vom Verlag „Rote Erde" gebraucht erworben und für die Zwecke von Dr. Oetker umgebaut. Drei weitere, die 1935 in Betrieb genommen wurden, waren speziell nach Plänen der Firma Oetker gebaut. Die chromgelbe Bemalung mit dem roten Hellkopf und der braunen Schrift „Dr. Oetker" ließ die Wagen im Straßenbild kräftig auffallen. An den Seiten waren mit verchromten Leisten und Spiegelscheiben verzierte Vitrinen eingelassen. Diese enthielten lackierte Original-Verpackungen und appetitlich aussehende Pudding-Attrappen in verschiedenen Formen und Farben. An der rechten Seite war ein Klappfenster zur Ausgabe von Kostproben angebracht.

Heckansicht des VOMAG mit Treppe, die bei einem späteren Umbau des Fahrzeugs durch eine Schlagtür ersetzt wird

An der Rückwand wiesen die Wagen eine besonders große Filmscheibe auf. So war man nicht mehr auf Säle angewiesen, sondern konnte an jedem Ort vorführen. Die Zuschauer – nicht selten bis zu 1000 Personen – umstanden dabei die Rückseite des Wagens und verfolgten den Ablauf auf der Scheibe.

Es gelang den Oetker-Verantwortlichen sogar, die Tonfilmwagen von der Autosteuer zu befreien, da der Wagenmotor zum Antrieb des Stromerzeugungsgenerators gebraucht wurde. Bei ihrer Entwicklung hatte wohl niemand geahnt, dass die schmucken Filmwagen 1939 von der Wehrmacht eingezogen, feldgrau eingekleidet, und für die nationalsozialistische Propaganda eingesetzt würden. Sie erfüllten, wie es eine zeitgenössische Publikation ausdrückt, „die stolze Aufgabe, als Sprecher für großdeutsche Ziele zu wirken". Trotz zähen Widerstandes wurden nach und nach alle Tonfilmwagen beschlagnahmt und der letzte an die Gaufilmstelle Münster abgegeben.

Mit in die Reihe der Werbewagen gehörte der vor allem in der Kinderwelt so beliebte Märchenwagen, der nach den Plänen eines Herrn Sackewitz und nach einem Entwurf des Studios Zweimann in Bielefeld gebaut und ausgestattet wurde. Den Karosserie-Bau unternahm die Bielefelder Firma Schulze, Kohlstock & Co. Die Basis des Zugfahrzeugs bildet ein Büssing-NAG des Typs 350 mit 70/80 PS starkem Sechszylinder-Motor. Außen war er mit Bildern aus dem Märchen Hänsel und Gretel bemalt.

Der Filmwagen III auf mittelschwerem Lastwagenfahrgestell, wahrscheinlich Ford, geschmückt zur Propagandafahrt am 1. Mai 1936 in Mühldorf am Inn

Ausgerüstet ist der Märchenwagen mit einer großen 40 Watt-Verstärkeranlage, mit der Schallplatten-, Rundfunk- und Tonfilmdarbietungen auf insgesamt fünf Lautsprecher übertragen werden. Eine große Akkumulatorenbatterie für 110 Volt liefert die Energie für die Wagenbeleuchtung, für einen Kühlschrank, eine Wasserpumpe, ein Radiogerät und den zur Erzeugung des Wechselstroms für die Verstärker- und Tonkinoanlage eingebauten Umformer. Die Batterie wird geladen durch ein separates Benzin-Aggregat, das aus einem mit Opel-Motor gekuppelten SSW-Generator für 3,7 kW besteht.

Der Anhänger, der auf einem Fahrgestell von Gottfried Lindner AG, Ammendorf läuft, sieht in seinem Knusperhäuschen-Design mit plastisch hervorragenden Lebkuchen lustig und zum Anbeißen appetitlich aus. An der Stirnseite steht die Hexe aus Hänsel und Gretel hinter einem Riesenkranzkuchen, der den Reservereifen verdeckt. Im Anhänger befindet sich, verbunden durch besondere Kupplungen mit dem Motorwagen, der Verstärkerraum. Von hier aus erfolgen auch die Tonfilm-Vorführungen, die Schallplatten- und die Rundfunkdarbietungen. Eine eingebaute Telefonanlage gestattet eine schnelle Verständigung mit Wagenführer und Fahrer, der auch, ohne die Hände vom Steuer zu nehmen, über ein Mikrofon antworten kann.

Das Innere des Anhängers, zu dem zwei Türen führen, ist dem Märcheninhalt entsprechend ausgestaltet mit einem riesigen Herd, der hier aber praktischen Zwecken dient. Der Kühlschrank dient zum Frischhalten der Speisen, die als Kostproben an das Publikum verteilt werden. Die Wasserpumpe drückt das für die Küche benötigte Wasser in einen kältesicher unter dem Dach eingebauten 200 Liter-Behälter. Durch Umschalten kann sie auch das zum Reinigen des Wagens benötigte Wasser mit hohem Druck in das Strahlrohr pumpen. Zu Beginn des Zweiten Weltkrieges befindet sich der Märchenwagen gerade in Baden bei Wien und es gelingt nicht ihn zurückzuholen, da kein Kraftstoff aufzutreiben ist.

Filmwagen im Einsatz 1936

Bericht eines Werbewagenführers aus dem Jahre 1937

Es mögen 10 bis 12 Jahre her sein. Ich zog damals mit meinen Musterkoffern durch das Sauerland und kam dabei auch in das Städtchen Meschede. Beim ersten Kunden hörte ich, dass Besuch aus meinem Heimatstädtchen da sei, und ich erst einmal zum Marktplatz gehen müsse. Auf dem Wege dahin hörte ich bereits schnittige Marschmusik, und überrascht war ich, als ich vor einem großen Werbewagen der Firma Dr. Aug. Oetker, Bielefeld, stand. Was der Wagen bezweckte, erfuhr ich bald, denn mit freundlichen Worten wurde zum Besuche eingeladen. Wenn auch erst zögernd, so folgten doch bald die Einwohner dieser Einladung. Dann gab es Betrieb und damit auch einen Mordsspaß, denn so etwas hatte Meschede, ich selbst ja auch noch nicht gesehen. Ich muss gestehen, ich hätte bald meine eigene Arbeit vergessen. Sehr oft aber haben wir noch an diesem Tage (meine Kunden und ich) uns über den Wert dieser großen Sache unterhalten. Ehrlich, ich war neidisch auf die Menschen, die für eine solche Firma und mit solch einem Wagen deutsche Lande durchstreifen durften. Dass ich selbst aber auch einmal dazu bestimmt sein würde, in der gleichen Eigenschaft zu arbeiten, das ahnte ich damals nicht.

Der zeittypische Stelzenläufer sorgt für Aufmerksamkeit

„Märchenwagen" auf der Basis eines Büssing-NAG Typ 350

Büssing NAG 350 Märchenwagen im Einsatz

Heute bin ich nun fast 4 Jahre auf einem Werbewagen tätig, habe manches Fleckchen unserer deutschen Heimat bearbeitet, und hoffentlich mit einem kleinen bescheidenen Erfolg. Viel Schönes und Erhabenes habe ich gemeinsam mit meinen Arbeitskameraden erlebt, aber auch manche Stunden ernster Arbeit liegen hinter uns.

Warum Werbung durch Lautsprecher- und Filmwagen?

In richtiger Voraussetzung, dass nur groß angelegte Werbung zum Erfolg führen kann, wurden damals wohl die ersten Wagen dieser Art von der Firma Dr. Aug. Oetker Bielefeld auf die Straße geschickt. Was sonst nur von Mund zu Mund erfasst werden konnte, geschah nun in größerem Umfange. Ich habe seiner Zeit beobachtet, wie die Einladung von Mann zu Mann weitergegeben wurde, so dass in ganz kurzer Zeit der Besuch Ortsgespräch war. Dass diese erste Probe schon früher zum Erfolg führte, das beweisen die vielen Wagen, die heute für die Firma unterwegs sind. Weiter aber auch das Interesse, welches andere Firmen der gleichen Werbung entgegenbringen. Heute wäre eine moderne Werbung ohne Lautsprecherwagen nicht mehr möglich

Der Innenausbau des Wagens

Jedes Schubfach, jeder Schrank und jede Verkleidung müsste so gebaut sein, dass alles ohne Schwierigkeiten und ohne Zeitversäumnis entfernt werden könnte. Die unterwegs auftretenden Reparaturen sind so mannigfaltig, dass man fast behaupten kann, jede Schraube wird im Laufe der Jahre einmal entfernt bzw. erneuert. Das gleiche gilt auch von den elektrischen Anlagen. Es wird alles viel zu versteckt gebaut. Kommen Reparaturen, dann ist die Reparatur nur eine Kleinigkeit, während die Nebenarbeiten Zeit und Geld kosten. Auch die Batterie sollte stets an bevorzugter Stelle eingebaut werden. Zu ihr muss man mit einem Handgriff gelangen. Ich halte immer den Platz unter dem Führersitz für geeignet, für Benzintank oder ähnliches findet sich noch ein anderer Raum.

Technische Einrichtung

Das Herz des Wagens ist die Batterie. Sie versorgt den Wagen mit Strom, dem Blut des Wagenkörpers. Sie besonders schonend zu behandeln, sollte erste Aufgabe der Verantwortlichen sein. Von ihr hängt das Wohl und Wehe jeder Werbung ab. Achte deshalb, mein lieber Arbeitskamerad darauf, dass die Batterie nicht zu viel und nicht zu wenig geladen wird. Beides schadet. Prüfe nach der Ladung mit einem Säureheber die Säuredichte (im geladenen Zustand durchschnittlich 1,24 , nie unter 1,18) und sorge dafür, dass immer destilliertes Wasser aufgefüllt ist (Platten eben bedeckt). Nach der Erfahrung reicht das Wasser im Sommer für ungefähr 14 Tage, im Winter für 4 Wochen, aber lieber einmal mehr nachsehen. Zu viel Schlamm in der Batterie kann zu Kurzschluss und unliebsamen Zwischenfällen führen: lass daher jedes Jahr einmal durch einen Fachmann etwa vorhandenen Plattenabsätze nachsehen. Brücken und Verbindungen müssen immer gut in Fett liegen ebenso die Anschlüsse. Diese letzteren prüfe besonders gut, denn ein durchgeschmorter Anschluss gibt keinen Strom weiter.

Wie lade ich nun meine Batterie? Die größeren Wagen haben sämtlich eine Stromerzeugungsanlage. Zunächst schalte ich den Antriebsmotor ein (Durch Anlasser oder Zugvorrichtung). Langsam anlaufen lassen, zu große Geschwindigkeit schadet der Anlage, bis der Zylinderblock gut warm ist. Dann schalte die Batterie auf den Generator, bringe das Gas über 110 Volt, werfe den Automat ein und lade mit 120 Volt und 20 Ampere bis auf 160 Volt. Um die Spannung aber konstant zu machen, lade ich noch mit der halben Amperezahl weiter. Das geschieht dadurch, dass ich mit dem Gas zurückgehe. Auf jeden Fall muss die Maschine noch gut durchlaufen, sie darf also nicht stottern. Wenn nun die Batterie gut aufgeladen ist, das dürfte bei normalem Verbrauch nach ca. 2 bis 2,5 Stunden der Fall sein, ist die Stromversorgung für den Tag gesichert. Die Batterie zeigt nun, nachdem sie sich gesetzt hat, 120 Volt Gleichstrom.

Der zweite wichtige Bestandteil eines Werbewagens ist die Musik. Für diese wird aber 220 Volt Wechselstrom benötigt. Diesen erzeugen wir ebenfalls durch einen Umformer: gleichstromseitig 110 Volt, wechselstromseitig 220 Volt. Der Umformer wird durch einfachen Schaltergriff eingeschaltet, ebenso die Musikübertragungen auf die einzelnen Lautsprecher. Hat ein Werbewagen auch Tonfilm, und das dürfte wohl bei allen der Fall sein, dann teilt sich der Strom so, dass der Verstärker Wechselstrom, der Projektor selbst aber Gleichstrom hat.

Der Kühlschrank benötigt 110 Volt Gleichstrom. Er hat noch einen besonderen Motor, der die Ammoniakfüllung zum Durchlauf bringt und dadurch die Kälte erzeugt.

Zur technischen Einrichtung gehört weiter der Kochherd. Die meisten Wagen haben den Heco-Pressgasherd. Obwohl ja dieser Herd seine Schattenseiten hat, ist mir besseres bisher noch nicht begegnet. Man muss ihn vorsichtig und immer sauber behandeln, dann versagt er auch nie.

Eine Wasserversorgungsanlage dürfte ebenfalls auf jedem Wagen vorhanden sein. Sauberkeit ist ja die erste Vorbedingung auf einem Werbewagen, denn was du selbst auch nicht siehst, andere sehen es doch. Deshalb nicht mit Wasser sparen.

Pflege die technischen Einrichtungen gut und Du hast keinen Ärger. Gib ihnen, was auch Du täglich haben musst, Nahrung. Spare nicht mit Öl und Fett: „Wer gut schmiert, der gut fährt!"

Arbeitseinteilung

Ich habe in den Jahren die verschiedenen Tageszeiten, die sich für eine Werbung eignen, durchgenommen, und bin heute zu dem Schluss gekommen, dass die Morgenstunden die geeignetste Zeit für die Werbung sind. Die Hausfrauen sind frisch und aufnahmefähig, werden nicht durch Kinder und Einkäufe abgehalten, auch mal etwas länger am Wagen zu verweilen, und was die Hauptsache ist, sie versuchen oft am gleichen Tage ihre eigene Kunst. Das ist sehr wertvoll. Hausfrauen vergessen leicht, solche Augenblickswirkung aber haftet länger. Ich beginne deshalb pünktlich morgens um 8 Uhr und nachdem ich frisches Wasser getankt und den Wagen auf etwa eingedrungenen Staub durchgesehen habe, gegen halb neun mit der Werbung. Es wird dann bis gegen zwei Uhr durchgearbeitet bzw. so lange bis der Pudding aufgebraucht ist.

Die Pausen in den Schulen um 10, 11 und 12 Uhr benutze ich dazu, den Kindern dort Kostproben zu verabfolgen. Das hat den doppelten Vorteil, erstens alle Kinder in der Gesamtheit zu erfassen und weiter, doppelte Ausgabe zu vermeiden. Gleichzeitig interessiere ich auch die Lehrkräfte für die Sache, und manche Besprechung und mancher Aufsatz der Kinder geben die feste Grundlage für die Werbung. Gewiss steht mancher Lehrer der Sache ablehnend gegenüber, in solchen Fällen erfasse ich dann eben die Kinder nach Schulschluss.

Um drei Uhr beginnt dann die Nachmittagsarbeit. Wir fahren an einen Ort, der etwas außerhalb liegt, damit wir nicht durch unnötige Fragen des Publikums zu sehr gestört werden, weiter aber auch, um in freier Gegend durch Durchzug eine Zusatzkühlung

Überall, wo der der VOMAG Werbewagen auftaucht, zieht er die Aufmerksamkeit des Publikums auf sich.

Fernverkehrszug aus den fünfziger Jahren mit Aufbau von Freudenau. Basis des voll durchgestylten Fahrzeugs ist ein FAUN L 60 Sepp. (Werkbild Freudenau)

für unsere Maschinen zu bekommen. Draußen beginnt dann die Vorbereitung für den kommenden Tag. Jeder hat einen Teil Verantwortung zu tragen. Der Fahrer für seine Maschine und die äußere Reinlichkeit des Wagens, der Propagandist für das Kochen, Kochware und Bücher, die Kochhilfe für den inneren Wagen, Prospekte usw. Im übrigen wird kein Unterschied zwischen den einzelnen Posten gemacht. Es ist noch kein Wagenführer daran gestorben, wenn er mal ein Scheuertuch in die Hand genommen und den Wagen gewaschen hat. Oberster Grundsatz sollte immer sein, den Wagen so zu behandeln wie eine Wohnung, die gepflegt immer Besuch empfangen kann.

Dem Kapitel Arbeitstag möchte ich einige persönliche Betrachtungen über Kameradschaft beifügen. Die Wagenbesatzung bildet eine große Familie, oder mehr noch ein unzertrennbares Ganzes. Da ist es unbedingt erforderlich, dass jeder einzelne aufeinander abgestimmt ist. In den ersten Jahren meiner Tätigkeit auf dem Wagen gehörten zur Wagenbesatzung auch Frauen. Das hatte seinen Vor- und seinen Nachteil. Der Vorteil bestand, abgesehen von wenigen Ausnahmen, nur darin, dass die Magenfrage der Besatzung gelöst wurde. Wie, ist auch noch eine Sache für sich. Alles andere können Männer ebenso gut, vielleicht noch besser. Die Nachteile dagegen sind wesentlich größer. Eine Frau, ihrer Stellung im Leben sich bewusst, bringt Unruhe. Diese kann sich verschiedentlich auswirken, findet aber schlimmste Offenbarung dann, wenn sie versucht, irgendeinen Arbeitskameraden für sich zu gewinnen und dann auf irgendeine Art Vorteile herauszuholen. Es gibt ja leider Arbeitskameraden, die für kleine Zugeständnisse ihre Kameradschaft opfern können. Gewiss gibt es auch bei männlicher Besatzung einmal Meinungsverschiedenheiten, aber ein herzhaftes Wort bringt da recht bald wieder Ordnung. Über eines allerdings müssten sich alle

FAUN mit Aufbau und Anhänger von Freudenau (Werkbild Freudenau)

Wagenkameraden klar sein: der Wagenführer ist verantwortlich für alles, was auf dem Wagen geschieht.

Aufnahme der Werbung in der Bevölkerung

Da ich mit meinem Werbewagen nur Norddeutschland bereist habe, kann ich meine Betrachtungen lediglich auf dieses Gebiet beschränken. Aber da man gerade dm Norddeutschen eine gewisse Steifheit nachsagt, dürfte dieses Gebiet mit seinen vielen Volksstämmen auch das Interessanteste sein. Es gehört etwas Fingerspitzengefühl dazu, und das bekommt man von selbst, die Menschen so zu nehmen wie sie sind, denn auch der Verstockteste ist ein Mensch, der – menschlich genommen – Freund sein kann.

Im Hannover-Braunschweiger Gebiet sind die Leute gar nicht so steif, wie angenommen wird. Anders dagegen liegen die Verhältnisse in Ostfriesland und an der Nordseeküste, ein derber, verschlossener Menschenschlag, dem schlecht beizukommen ist. Da Musik nur selten in die kleinen Orte kommt, die Menschen aber dafür begeistert sind, haben wir hier mit einer kleinen Platzmusik angefangen. Dann haben wir mit den Einzelnen einige Worte gewechselt und diese dann eingeladen, zu uns zu kommen.

Schwieriger wurde die Arbeit dann im Oldenburger Land. Mit diesen Menschen war gar nichts anzufangen. Wir haben die Kostproben teilweise einzeln den Leuten in die Häuser gebracht und versucht, dadurch Besucher zu bekommen. Eigenartigerweise haben alle diese Bewohner ein Interesse an der Sache, sind aber schüchtern und zurückhaltend.

In der Lüneburger Heide und im Wendland, auch in der Altmark wurde uns die Arbeit dadurch erleichtert, dass die Orte fast durchweg um einen großen Platz gebaut sind. Wenn wir dort mit Musik einfuhren, dann hatten wir schnell soviel mutige Frauen, dass wir wohl durchweg mit einem 100% Besuch rechnen konnten. Hier wurde von den Besuchern auch manches Tänzchen auf grünem Rasen durchgeführt.

Dann das Ruhrgebiet. Das ist eine Sache für sich. Täglich, bald stündlich muss sich hier die Wagenbesatzung innerlich umstellen. Die besser gestellte Bevölkerung ist eingebildet, glaubt, sich zu vergeben, wenn die Frau eines Kumpels mit im Wagen ist, und nur wenn Frau Müller kommt, kommt Frau Schulze auch. Da nützen oft die schönsten Reden nichts. Haben wollen alle die neuen Rezepte, doch soll man sie ihnen in die Häuser bringen oder in die Fenster reichen. Das dürfen und können wir natürlich nicht, Ausnahmen würden zu unliebsamen Zwischenfällen führen. Häufig genug kommt es vor, dass die Frau Meier uns vor ihrem eigenen Hause nicht besucht, in der nächsten Straße aber mit vielen Entschuldigungen vorspricht. Die Kolonien und die Kumpel dagegen, die warten auf uns-

Hanomag L 28 aus den fünfziger Jahren mit Aufbau von Freudenau aus Bielefeld (Werkbild Freudenau)

Wenn dort die Musik loslegt, ist es wie beim Rattenfänger von Hameln. Man kann wohl sagen, zu Hunderten kommen die Leute aus den Häusern, zuerst die Kinder, dann die Frauen in allen möglichen und unmöglichen Aufzügen. Aber auch die Männer, die durch die Schichtarbeit in vielen Fällen zu Hause sind, opfern ihre Ruhestunden, kommen und schauen. Hier haben wir keine Sorge um Abnahme, im Gegenteil müssen wir teilweise die Frauen sich anstellen lassen und aufpassen, dass sie nicht zweimal kommen. Das können diese Menschen aber vertragen, hier wirkt ein derbes Wort oft Wunder. Es ist uns aber auch schon passiert, dass einer meiner Arbeitskameraden ein Kind etwas unsanft angefasst hat und hinterher von der Mutter mit einer Ohrfeige belohnt wurde. Rezepte geben wir nur auf Wunsch aus, viele Frauen wollen sie noch nicht einmal. Hier muss der Eindruck der Kostprobe entscheiden. Dass aber das Publikum dankbar und aufnahmebereit ist, das beweisen die vielen Fälle, wo wir nach Besuch am Wochenende uns am Montag überzeugen konnten, dass Oetker-Puddinge nicht nur gefragt, sondern vorhandene Bestände restlos ausverkauft waren.

Entwicklungsmöglichkeiten in der Zukunft

Technik und Verkehr schreiten mit Riesenschritten fort. Wie lange Werbung noch in dieser Art erfolgen kann, muss die Zeit lehren. Fest dürfte aber stehen, dass im Laufe der Jahre die großen Wagen, soweit sie nicht große Wendigkeit haben, von den Straßen verschwinden oder nur noch an einzelnen zur Verfügung stehenden Plätzen halt machen dürfen. Dagegen werden sich kleinere auffällige Wagen (in Form und Ausstattung) mehr und mehr die Straßen erobern, sie können sich eher dem gesteigerten Verkehr anpassen und auch überall da eindringen, wo das mit großen Wagen nicht möglich ist.

Eines aber bleibt. Der Werbewagen als Werbeträger. Er wird auch in der Zukunft erfolgbringender Vermittler zwischen Verkäufer und Käufer sein.

Bielefeld, im Juli 1937

(Auszüge aus einem zeitgenössischen Bericht, zur Verfügung gestellt vom Dr. August Oetker Werksarchiv)

Volkswagen Bulli der Hausfrauenberatung mit kleinem Freudenau-Anhänger (Werkbild Freudenau)

Mercedes O 3500 Werbewagen mit Aufbau von Lueg in Bochum und aufgestelltem Vorführungszelt zu Beginn der 50er Jahre

Aufbau und Anhängerkarosse dieses Mercedes O 3500 Werbewagens stammen von den Fahrzeugwerken Lueg in Bochum. Der von Lueg hergestellte erhält später ein umgebautes Heck mit Panorama-Scheiben. Auf dem unteren Foto steht er noch im Bielefelder Oetker-Werk, bereit für den Einsatz zu Werbetouren in Italien mit landestypischer Beschriftung.

Die von Freudenau aus Bielefeld hergestellten Werbewagen auf Mercedes O 3500 unterscheiden sich grundlegend von den Lueg-Aufbauten, die sich weitgehend an der Werkskarosserie des Omnibus orientierten. Hier sieht man die Freudenau-Wagen im Einsatz zum Ende der fünfziger Jahre

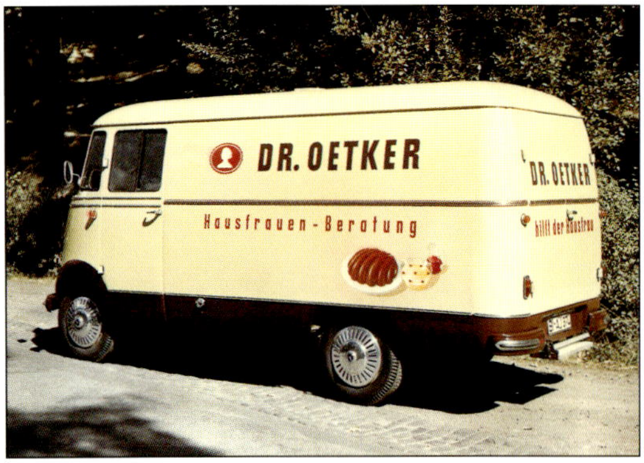

Mercedes L 319 Kastenwagen Ende der fünfziger Jahre

Opel Blitz 1,75 t Ende der fünfziger Jahre mit Aufbau von Freudenau, Bielefeld (Werkbild Freudenau)

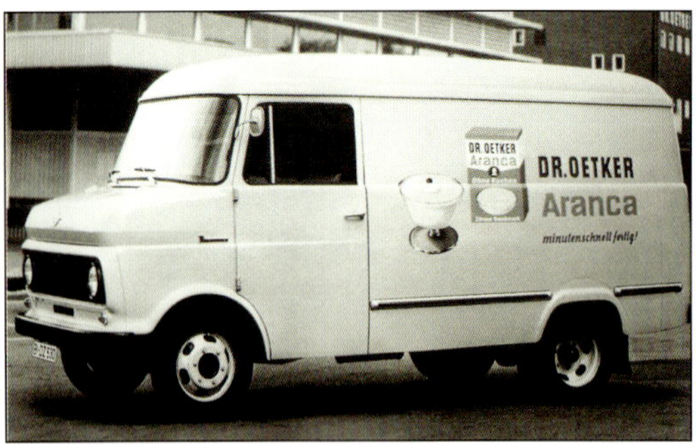

Opel Blitz Kastenwagen aus den sechziger Jahren

Nach dem Kriege ist zunächst erst einmal Schluss mit den „nutzlosen" Werbewagen. Jeder verfügbare Lastwagen muss seine Transportkapazität voll ausnutzen, um dringend benötigte Waren zu tragen. Auch Werbung ist nicht nötig. Jede Hausfrau ist froh, wenn sie überhaupt etwas Essbares auf den Tisch bekommt und Pudding ist ein Luxusgut, ja ein fast unerfüllbarer Traum. Erst mit dem Beginn des Wirtschaftswunders wird der Kunde wieder wählerischer, achtet auf Qualität und Wohlgeschmack und vor allem wieder auf die bekannte „Marke".

Im wiederaufblühenden Deutschland wächst die Werbung zu einer bislang ungeahnten Bedeutung. So besinnen sich auch die Bielefelder Werber wieder der Erfolge mit den speziellen Reklame- und Vorführwagen. Um die entsprechend niedrige Bauhöhe zu erreichen, verwendet man jetzt serienmäßige Busfahrgestelle von Mercedes, Haubenwagen des Typs O 3500. Die imposante Schnauze im Stil der eleganten Mercedes-Personenwagen ist gekrönt von einer chromglänzenden Kühlermaske. Hinter der serienmäßigen Haube ist alles Eigenkonstruktion des ebenfalls in Bielefeld beheimateten Fahrzeugbaus Freudenau. Dem Motorwagen folgt ein putziger Zweiachs-Kofferanhänger.

Über dem Fahrersitz sind Lautsprecher in das hochgezogene Dach integriert. Die Flanken sind geziert mit dem Schriftzug Dr. Oetker in erhabenen Reliefbuchstaben. Im unteren Seitenbereich befinden sich in Augenhöhe neugieriger Kinder kleine Vitrinen mit dekorativ aufgestellten Puddingtütchen. Der hintere Bereich des Aufbaus ist rundum panorama-verglast und fasst den Personal- und den Aufenthaltsraum für die Verkostungsaktionen. Die Heckscheibe dient auch als Bühne für die bei den Kindern besonders beliebten Kasperle-Vorführungen, denn je hübscher und beweglicher das Theater abgeht, desto besser prägt sich der Name der Firma und der Erzeugnisse bei der Jugend ein. Die Puddingzubereitungs- und Backvorführungen finden entweder in einem Zelt oder bei schönem Wetter auf einem ausgebreiteten Tisch am Heck des Wagens statt.

Die speziell für diese Zwecke ausgestatteten Werbewagen – Dr. Oetker besitzt mehrere der eleganten Mercedes-Busse – fahren rückwärts an die Zelte heran, so dass ihre Rückseiten als Bühne für die Back- und Kochvorführungen im Zelt dienen. Ohne eine einzige Innenstütze überdachen die Zelte eine Fläche von 6 mal 12 Metern.

Henschel HS 95 mit elegantem Kastenwagen-Aufbau im Jahre 1961 (Weiß ein Leser mehr über den Aubauhersteller?). Die puddinggelbe Farbgebung des Fahrzeuges ist von den damaligen Gestaltern des Farbfotos etwas „aufgefrischt" worden.

Die Spedition Schmidt in Bielefeld fährt mit Werbung von Dr. Oetker: Büssing BS 20 S 2 mit zwei lenkbaren Achsen an der Zugmaschine und Auflieger von Freudenau, Bielefeld. (Werkbild Freudenau)

Volkswagen Transporter in den sechziger Jahren

Opel Blitz von 1977

Die Besatzung ist so eingespielt, dass sie für den gesamten Aufbau einschließlich der elektrischen Anlagen-Installation und der Beleuchtung knapp zwei Stunden benötigt. Überall, wo der Werbezug auftaucht, kommt die Bevölkerung in Scharen herbeigeströmt. Besonders in den abgelegenen Orten des norddeutschen Tieflandes sind in einer Zeit, in der das Fernsehen noch nicht weit verbreitet war, die Veranstaltungen eine willkommene Ablenkung für die Einwohner, egal ob Männlein oder Weiblein, alle kommen zusammen.

Erst die weitere Verbreitung des Fernsehens, bei dem die Werbung ungehindert bis in die heimischen Wohnzimmer eindringen konnte – wenn sie auch zunächst die leckeren Puddings nur in Schwarz-weiß zeigen konnte – brachte zum Ausgang der fünfziger Jahre das Ende der berühmten Dr. Oetker-Werbewagen, die vielen Generationen Freude und Abwechslung vermittelt hatten.

Ich danke den Herren Broelemann und Köppen, die mir Einsicht eröffnet haben in die Archive der Firma Dr. Oetker, sowie Herrn Plattner von Modellbau Epoche in Mannheim, der den Kontakt hergestellt hat. Bei Epoche entsteht ein HO-Modell des NAG Werbewagens von 1931. Des weiteren danke ich der Firma Fahrzeugbau Freudenau für die Unterstützung durch Bildmaterial.

Die Thüringer Spedition Blank

Überleben als „Privater" der DDR

Heute fahren zwanzig ziehende Einheiten für die Firmengruppe Blank in dem thüringischen Örtchen Birkenhügel im Nah- und Fernverkehr sowie im Brennstoffhandel. Neben Vater Roland Blank führen Sohn Thomas und Tochter Andrea Böckel zusammen mit Schwiegersohn Jörg eigenständige Betriebe. Für das Lastwagen-Album berichtet der Senior-Chef Roland Blank, wie es ihm gelang, trotz aller Schikanen und Behinderungen durch staatliche Stellen als selbständiger Fuhrunternehmer in einer „volkseigenen" Wirtschaft zu überleben.

Die Wurzeln des Familienbetriebes Blank liegen in einer Holz- und Kohlenhandlung, die vom Großvater Anton 1900 in dem kleinen thüringischen Örtchen Birkenhügel nahe der Grenze zu Bayern gegründet wurde. Außer Holz aus den heimischen Wäldern muss alles andere, Kohle, Futter- und Düngemittel mit Ochsen- und später mit Pferdegespannen vom sechs Kilometer entfernten Bahnhof Blankenstein geholt werden. Ab Birkenhügel wird verkauft und auch in die Nachbarorte ausgeliefert. So ist die logische Folge, dass Sohn Max, als er 1932 die Firma übernimmt, sie zu einem Fuhrunternehmen ausbaut.

Max Blank schafft auch den ersten motorisierten Lastwagen an, einen Hansa-Lloyd, der sich mit nur 2 Tonnen Nutzlast als zu schwach erweist und daher nur kurze Zeit auf dem Hof bleibt. Für die schweren Holzlasten wird ein Kaelble Eilschlepper als Zugmaschine mit zwei Anhängern gekauft. Bald kommen ein Opel Blitz 3,5 und später ein Opel Blitz 3,6 hinzu.

Als der 2. Weltkrieg ausbricht, wird der Opel Blitz 3,6, der von der Wehrmacht aufgrund seiner Robustheit besonders geschätzt wird, sofort mitsamt Fahrer eingezogen. Übrig bleibt ein Ford BB des Baujahrs 1936, den Blank gebraucht erstanden hatte. Dieser Wagen bleibt der Firma bis über den Krieg hin erhalten und bildet den Grundstock für den Neuanfang. Kurz vor Kriegsende wird der Ford auf Holzgasbetrieb umgebaut und transportiert Holzladungen im Nah- und Fernverkehr. Flüssiger Kraftstoff ist Mangelware und so wird eine Axt und eine Säge zum wichtigsten Utensil des Kraftfahrers für Unterwegs. Die Mitnahmemöglichkeit von Holz ist naturgemäß begrenzt, man will ja schließlich noch Ladung transportieren. Holz frei zu kaufen gibt es unterwegs auch nicht. So muss auf Ferntouren gesammeltes Holz aus den Wäldern als Generatorholz zurechtgesägt und -gehackt werden, um wieder nach Hause zu gelangen. Trotzdem fährt Max Blank noch nach dem Kriege mit dem holzgasgetriebenen Ford bis ins Saarland. „Nebenher" müssen infolge zerstörter Brücken Flüsse durchfahren und die Überquerung des Rheins auf schwimmenden Pontonbrücken gewagt werden.

Max Blank ist ein weitsichtiger und technisch fortschrittlicher Mann. So erkennt er sofort, dass der neu entwickelte und von der Reichsregierung aufgrund seiner Militärtauglichkeit besonders propagierte Allradantrieb auch für mittelschwere Lastwagen

Ein Ford BB fährt mit Nachläufer Langholz in Thüringen und im Harz. Die Schnauze ist durch ein Opel Blitz-Teil ersetzt.

die Arbeit in den steilen Bergregionen des Thüringer Waldes und in Oberfranken immens erleichtern könnte, denn eine der Hauptaufgaben des Betriebes ist inzwischen die Versorgung der Steinkohlenzechen bei Zwickau mit Grubenholz zur Abstützung der Strebe und die Lieferung von Faserholz für die Papierfabrik Blankenstein. So bestellt er Ende der dreißiger Jahre einen neuen Opel Blitz schon in der gerade auf den Markt gekommenen Allradausführung. Der Wagen ist bereits bezahlt und soll bald geliefert werden. Doch bis nach Birkenhügel gelangt das neue Fuhrparkmitglied nie. Auf dem Wege dorthin wird es abgefangen und einem Einsatz in der Wehrmacht zugeführt. Als kleine Wiedergutmachung bekommt Blank 1941 einen funkelnagelneuen Tatra 27 B zugeteilt, hergestellt bei den Ringhoffer-Tatra-Werken in Nesselsdorf. Da dieser ab Werk mit Holzvergaser geliefert wird, gilt er als nicht truppentauglich und wird von der Wehrmacht verschmäht. 51 PS leistet der 5195 ccm große Vierzylinder bei 2100 Umdrehungen. Bei einem Gesamtgewicht von 6850 kg beträgt die Nutzlast 3,2 Tonnen. 11143,70 Reichsmark muss Blank 1941 für den Tatra auf den Tisch legen. Nach dem Kriege wird dieser auf Flaschengas umgestellt.

Holzrücken mit Pferdekraft

Als weitere Verstärkung des Fuhrparks kommt 1940 ein Schlüter Traktor hinzu. Das Modell DZM 25 wird für 5450 Reichsmark gekauft und hauptsächlich für die eigene Landwirtschaft genutzt, aber gleichfalls auch für gewerbliche Transporte. Dieser Traktor hilft vor allem, die Notzeiten der unmittelbaren Nachkriegszeit zu überstehen. Durchgehend ist er im Einsatz. Morgens wird der Schlüter auf die Ladefläche des Ford BB ge-

Der Ford BB trägt den Schlüter-Traktor zum Einsatz

Blank ist bei der Feuerwehr „Vorspann"-verpflichtet. Er tritt hier mit seinem Ford BB bei der Parade zum 30jährigen Jubiläum der Freiwilligen Feuerwehr Birkenhügel an.

setzt und zur Einsatzstelle im Thüringer Wald gekarrt. Tagsüber schleppt er Holz aus dem Wald und abends bringt er mit Anhänger die komplette Tagesleistung als Fuhre zur Papierfabrik. Auf dem Schlüter erwirbt auch der heutige Senior-Chef Roland Blank (Jahrgang 1938) seine ersten Fahrkenntnisse, und das nicht zum Spaß. Der zehnjährige Schuljunge muss schon voll im väterlichen Betrieb mithelfen. Selbst der Dorfpolizist drückt ein Auge zu, wenn er den Knirps am Steuer der Zugmaschine erblickt. Auch er weiß, dass die Ernährung der Bevölkerung nur dann gesichert sein kann, wenn alle verfügbaren Rädern rollen.

Nach Beendigung des Krieges muss sich die Firma Blank völlig neue Geschäftsverbindungen suchen und aufbauen. Das Sägewerk in Oberfranken, das die Familie über Jahre hin betrieb, liegt jetzt jenseits der Grenze. Überwiegend wird jetzt Fichtenholz aus dem Thüringer Wald in die Volkseigene Zellstoff- und Papierfabrik in Blankenstein geliefert und für Sägewerke wird Buchenholz aus dem Harz geholt. Des weiteren wird Brennholz an die Bevölkerung der umliegenden Orte verkauft. Jede geschäftliche Tätigkeit und die Beschaffung von Material muss Max Blank nun mit einem NSU-Motorrad erledigen, denn der bisherige Opel Olympia Personenwagen ist entschädigungslos von der sowjetischen Besatzungsmacht konfisziert worden. Erst 1948 kann wieder ein DKW F 8 angeschafft werden. Der aus der Kriegszeit hinübergerettete Ford BB wird mit einem handbetriebenen ADA-Kipper ausgerüstet. Später wird er in einen hydraulisch betätigten Motorkipper umgebaut. Dies geschieht in Eigenleistung bei einer Werkstatt in der Nachbarschaft. Um die Hydraulikpumpe installieren zu können, werden einfach Teilstücke aus dem Getriebegehäuse herausgeschnitten. Bis etwa 1963 wird der Ford BB im täglichen Einsatz gefahren.

Nach dem Kriege kommt ein zweiter Ford BB auf den Hof. Beide Lastwagen unterscheiden sich eigentlich nur in der Länge des Radstandes. Das beschädigte Fahrerhaus wird bei einem Stellmacher im Nachbarort neu aufgebaut mit Stabholztüren und komplett neuem Design. Im gleichen Atemzug wird die bisherige Ford-Haube ersetzt durch eine gebrauchte Opel-Blitz-Nase und entsprechende Kotflügel, so dass das Fahrzeug eine völlig neue Erscheinung bekommt. Diese Vorgehensweise, die damals aus Ersatzteilmangel in der ehemaligen DDR gang und gäbe war, führt heute zu erheblichen Problemen bei der Identifizierung alter Lastwagen.

Schlüter DZM 25

Der junge Roland Blank am Steuer des Schlüter Traktors

Ford BB Kipper

Tatra 27 B

Ford BB nach dem Umbau mit Opel-Haube und Stabholztüren in der Kabine

Mercedes L 4500 A mit der Blank-Familie

Da Blank nachweisen kann, dass er Fahrzeuge an die Wehrmacht abgeben musste, steht er ganz oben auf der Liste der Fuhrunternehmer, die nach dem Krieg einen „neuen" Lastwagen zugeteilt bekommen können. Und Max Blank hat das Glück, einen Mercedes L 4500 A mit 120 PS leistendem OM 67/4-Motor zugewiesen zu bekommen. Der Allradwagen war ursprünglich als Kofferwagen für Katastropheneinsätze aufgebaut und in Italien stationiert. Beim allgemeinen Rückzug sollte er zusammen mit gleichartigen Brüdern Richtung Berlin überführt werden. Auf dem Wege dorthin riss aber ein Pleuel ab und der Wagen blieb irgendwo in Thüringen an der Autobahn liegen. Obwohl der Motor defekt ist, ist Blank glücklich, überhaupt einen fahrbaren Untersatz bekommen zu haben. Dass er ihm aber noch viele Sorgen bereiten würde, ahnt er zu diesem Zeitpunkt noch nicht. Noch sind die Amerikaner die Besatzungsmacht in Thüringen und Blank bezahlt die Rechnung für den Mercedes ordnungsgemäß bei den amtlichen Stellen. Aufgrund vorheriger Vereinbarungen unter den Alliierten ziehen sich allerdings die Amerikaner bald wieder zurück und überlassen das Gebiet von Thüringen den Russen. Die neue Verwaltung findet die Unterlagen über die erfolgte Bezahlung des Mercedes-Lastwagens nicht mehr und dringt massiv auf nochmalige Entrichtung des Kaufpreises.

Der starke L 4500 A wird im Fernverkehr eingesetzt und ist im Winter durch seinen Allradantrieb bei Schneepflugarbeiten nicht zu schlagen. Der Mercedes ist zwar schnell auf langen Strecken, aber in den Bergen extrem lahm. Dies resultiert aus einem konstruktiven

Zwei Ford-Kipper, vorn der „Opel"-Umbau, hinten noch weitgehend original

Ford BB mit Max Blank im Fernverkehr der fünfziger Jahre

Roland Blank mit L 4500 A im alten Hafen von Warnemünde Ende der fünfziger Jahre

Detail des Motors, durch das die Stuttgarter Techniker mehr Leistung aus der Maschine herausgekitzelt haben. Der Motortyp OM 67/4 besitzt bei ansonsten gleichen Daten Schwunggewichte an der Kurbelwelle, die die zusätzlichen 20 PS gegenüber dem 100 PS starken Typ OM 67/3 erbringen. Dieser Vorteil kommt jedoch nur zum Tragen, wenn die Maschine mit vollen Touren rundläuft. Der Allradantrieb kann zwar im Gegensatz zu den ebenfalls bei der Wehrmacht verwendeten und mit den gleichen Hinterachsen ausgestatteten 4,5 Tonnern von MAN bei dem Mercedes zu- oder abgeschaltet werden. Dennoch werden Vorgelege und Tellerrad noch mit angetrieben und kosten so Leistung. Dies ist Roland Blank ein Dorn im Auge. Auf einen Komplettausbau der angetriebenen Vorderachse und Ersatz durch ein nicht angetriebenes Aggregat, wie es viele andere Fernverkehrsunternehmer mit ihren Allradlern praktizieren, muss er verzichten, denn im Winter ist der Allradantrieb in den Thüringer Bergstrecken überlebenswichtig. So lässt er sich für die vorderen Halbachsen blinde Deckel drehen, die die Räder völlig frei laufen lassen, die aber mit wenigen Handgriffen demontiert werden können, um den Allradantrieb zu aktivieren.

Mercedes L 4500 A mit zwei Anhängern im Ernteeinsatz zu DDR-Zeiten

Mercedes L 4500 A mit Schneepflug beim Winterdienst im Thüringer Wald

In der sowjetischen Besatzungszone gibt es nach dem Kriege kein eigentliches Schwerlastwagenwerk mehr. Die traditionellen Hersteller befinden sich in den Westzonen und das einzige Werk, das auf dem Boden der SBZ übriggeblieben war, nämlich VOMAG in Plauen, wurde von den Russen durch Demontage restlos vernichtet. Anfangs gibt es keinen Schwerlastwagen aus eigener Produktion. Auch der 120 PS leistende H 6, der 1952 erscheint, bleibt nur relativ kurze Zeit im Programm. So ist es nicht verwunderlich, dass der Blanksche Mercedes begehrliche Blicke auf sich zieht. Entsprechend wird das starke Fahrzeug insgesamt dreimal beschlagnahmt, um es „staatlichen Stellen zuzuführen", wie es im Amtsdeutsch heißt. Jedes Mal gelingt es Max Blank, durch gute Beziehungen zum Land Thüringen, sein Eigentum wieder zurückzuerhalten. Doch die einheimischen örtlichen Funktionäre geben keine Ruhe und kassieren den Wagen immer wieder ein. Selbst die Androhung der Verhaftung des Besitzers steht im Raum. Beim vierten Beschlagnahmeversuch wagt die Familie das Risiko, den Mercedes vorher zu verstecken, und Max Blank schafft es, endlich die Zusicherung zu bekommen, dass das Fahrzeug endgültig bleiben darf.

In den vierziger und fünfziger Jahren ist viel persönliche Mühe und Arbeit erforderlich, um den Fuhrpark gangbar und einsatzfähig zu halten. Da es kein Frostschutzmittel für die Kühler gibt, muss die Flüssigkeit im Winter täglich abgelassen werden. Früh am Morgen gegen 3 Uhr muss die Frau von Max Blank ei-

Meredes L 4500 A

Fuhrpark in den fünfziger Jahren mit zweimal Ford, einem Mercedes L 4500 A und einem DKW F 8-Pkw

nen Wasserkessel mit Holz und Kohle beheizen, um den Diesel mit Hilfe des warmen Wassers überhaupt zum Laufen zu bringen, denn das Dieselöl nimmt damals im Winter die Konsistenz von heutigem Motoröl an. Meist ist sogar noch eine Lötlampe vonnöten, um den Dieselmotor zum Starten zu überreden.

Zunehmend wird Privateigentum in der neu gegründeten DDR zu „volkseigenem" Besitz. Schon 1949 wird Blank die Holzgroßhandlung weggenommen, einschließlich des Vertriebs und Verkaufs von Düngemitteln an die Landwirtschaft. Dies ist fortan nur staatlichen Stellen vorbehalten. Vor allem das Transportgewerbe wird zwangsweise zusammengeschlossen. Doch Blank gelingt es immer noch, sich als Privatbetrieb mit seinen Lastwagen durchzukämpfen. 1953 wird der Betrieb dann doch enteignet und alle Fahrzeuge müssen „dem Volk" überlassen werden. Es findet eine Haus- und Gewerberaumdurchsuchung statt und als man eine Nivea-Cremedose, die man in einem Weihnachtspaket aus dem Westen erhalten hat, und zudem ei-

Ford S 3000 mit Frontblende von einem ausgedienten luftgekühlten Phänomen

Ernst Grube S 4000 Kipper

nen Reifenschlauch mit eingeprägtem Markennamen „Fulda" findet, ist dringender Tatverdacht auf DDR-feindliche Tätigkeit gegeben und Max Blank soll sich am nächsten Tag bei der Staatssicherheit melden. Da die meisten Personen von dort nicht mehr nach Hause zurückgekommen sind, entschließt sich die Familie zur Flucht. Zunächst reist die Mutter mit Sohn Roland einzeln. Der Vater, der während der Aktion wegen Ersatzteilbeschaffungen nicht zu Hause war, wird auf kaum vorstellbare Weise doch noch gefunden und gemeinsam gelingt mit Gottes Hilfe die Flucht nach West-Berlin.

Nach dem Volksaufstand am 17. Juni 1953 gibt die Regierung einen neuen Kurs aus: Vom damaligen Rat des Kreises erfahren die Blanks, dass die Enteignung ein „Versehen" gewesen sei, und wenn die Familie zurückkommen wolle, bekämen sie alles wieder. Da die Eltern sehr heimatverbunden sind, entschließen sie sich zur Rückkehr, lassen die schon zuerkannten Flugkarten in die Bundesrepublik verfallen und übernehmen wieder ihren angestammten Betrieb. Einiges ist jedoch verlorengegangen oder geplündert worden. Die empfindlichen, mit viel Improvisation am Leben gehaltenen Fahrzeuge aus der Vor-

Fuhrpark mit mehreren S 4000 und einem Garant 30 K als Allrad-Kipper

IFA W 50 Kipper

kriegszeit haben unter fremden unkundigen Händen schwer gelitten. Der Schlüter-Traktor diente auf der MTS (Maschinen-Traktoren-Station) für Fahrschulzwecke und ist entsprechend demoliert.

Ab jetzt geht alles nur noch auf staatliche Weisung. Eine private unternehmerische Tätigkeit ist nicht mehr möglich. Fuhren werden zugeteilt, Aufträge dürfen nicht mehr privat hereingeholt werden. Jede Ferntour muss einzeln beim volkseigenen Kraftverkehr bzw. deren Koordinierungsstelle in Lobenstein und Schleiz beantragt werden und gilt in der Regel nur ein bis zwei Tage. Der Kraftstoff für jedes Fahrzeug wird zugeteilt und jeder Liter muss abgerechnet werden. Nur was der staatliche Kraftverkehr nicht fahren will oder kann, das muss die Firma Blank besorgen. So werden die Blank-Lkws auch, ohne dass der Besitzer es vorher erfährt, eingesetzt bei der Zwangsumsiedlung von nicht „linientreuen“ Menschen. Diese werden in Nacht-und-Nebel-Aktionen aus ihren Häusern herausgeholt, dürfen ein Minimum an Hab und Gut mitnehmen, werden damit auf die Bahn verladen oder mit Lkw in andere Regionen der DDR transportiert. Menschen werden umgesiedelt, manchmal nur weil die Nachbarn erzählt haben, dass West-Radio gehört wurde.

Nach der Abschottung der DDR durch Mauerbau und Befestigung der innerdeutschen Grenze liegt Birkenhügel in einem besonders sensiblen Bereich, nur wenige Kilometer vom bayerischen „Klassenfeind“ entfernt. Es liegt nun im Sperrgebiet, das nur mit Passierscheinen betreten werden darf. Einheimische aus Birkenhügel dürfen sich nur innerhalb ihres Heimatkreises Lobenstein bewegen, nicht hinein in den benachbarten Kreis Schleiz, für einen Fuhrunternehmer undenkbare Bedingungen. In dem fünf Kilometer breiten Sperrgürtel entlang des Grenzstreifens sind in der ersten Zeit sogar jegliche öffentliche Versammlungen verboten, selbst Gottesdienste und Tanzver-

Robur Garant

Robur Garant 30 K Allrad-Kipper

Robur LO 1801 A, ein zum Kipper umgebautes ehemaliges Armeefahrzeug mit Allradantrieb

IFA W 50 bei der Kohleverladung

gnügungen. Privatbetriebe werden vom Staatsapparat nicht gern gesehen, höchstens „geduldet". So darf in der Regel ein privater Fuhrunternehmer in der DDR keinen Lastwagen als Neufahrzeug kaufen. Zugänge dürfen den Wagenpark zahlenmäßig nicht erweitern. Es muss jeweils ein Altfahrzeug dafür verschrottet werden. Auch ist jeder Kauf mit einem langwierigen Gang durch die Behörden mit unzähligen Anträgen und Genehmigungen gepflastert.

Die erste zusätzliche Beschaffung in DDR-Zeiten ist ein gebrauchter Ford S 3000, dessen Frontschaden durch eine Kühlerattrappe eines luftgekühlten Phänomens aus den dreißiger Jahren kaschiert wird und das den Ford typmäßig unidentifizierbar macht.

Geräteträger RS 09

Obwohl das Nullwachstum des Fuhrparks von staatlicher Seite vorgeschrieben ist, gelingt es Roland Blank dennoch, seine Wagenflotte zu vergrößern. Dies ergibt sich aus der Besonderheit des Grenzgebietes. Immer noch betreibt die Firma Blank ihren angestammten Kohlenhandel. Roland Blank bewältigt diese Arbeit mit 1–2 Mitarbeitern und seiner Frau Sieglinde, die selbst große Lkws fährt und die Kinder im Fahrerhaus mit versorgt. Später kommt noch Schwieger-

Mehrere IFA W 50 und ein Robur

tochter Monika als Bürokraft hinzu. Der staatliche Kohlenhandel beschränkt sich hauptsächlich auf die Städte, eine Belieferung der Grenzregionen ist ihm zu mühselig. Außerdem ist es für den „volkseigenen" Betrieb sehr schwierig, genügend Kräfte für die körperlich harte Arbeit abzustellen, denn die Kohlenwaggons kommen in der Regel am Wochenende am Bahnhof an und müssen innerhalb von höchstens vier Stunden entladen werden. Diese Arbeit und den Transport der Brennstoffe überträgt man der Firma Blank. Im Gegenzug handelt Blank aus, dass er zusätzliche Fahrzeuge bekommen darf. Bis zur Wende kann er den Fuhrpark bis auf zehn ziehende Einheiten vergrößern. Anfangs sind es Haubenwagen des Typs H

Fuhrpark in den achtziger Jahren mit IFA W 50 Kipper, Robur LO 1801 A, D 157 Lader und Barkas B 1000

IFA W 50 Kipper mit Zweiachs-Kippanhänger

3 A mit 80 PS aus den ehemaligen Horch-Werken, dann gleich aussehende S 4000 mit 90 PS-Maschine, die von Ernst Grube Werdau, dem ehemaligen Schumann-Werk, hergestellt wurden. Meistens sind es ehemalige NVA-Fahrzeuge, die Blank zu Kippern umbaut.

Die Beschaffung beginnt jeweils mit einem Antrag an den Rat des Bezirkes. Dann beschäftigt sich eine Kommission mit dem Antrag, der u. a. auch der Volkseigene Kraftverkehr angehört. Nach erfolgter Prüfung und positivem Bescheid bekommt der Antragsteller eine Nummer zugeteilt, die die Reihenfolge bei der Zuteilung festlegt. Die Zuteilung selbst ist ein reines Glücksspiel. Hat der private Unternehmer Glück, dann erhält er einen Wagen aus den Beständen des Militärs. Dies erfordert zwar häufig komplizierte Umbaumaßnahmen und erneute Genehmigungen bei der Neuzulassung, doch glänzen diese Fahrzeuge mit geringen Kilometerleistungen. In der Regel sind es allerdings vom staatlichen Kraftverkehr oder von LPGs verschlissene Fahrzeuge, die teilweise sogar oh-

IFA W 50, der heute noch zuverlässig in Bulgarien läuft

ne lebenswichtige Komponenten verkauft werden. So fährt Blank mit seinem Pkw regelmäßig durch die gesamte DDR, um Ersatzteile für Lastwagen zusammenzuhamstern. Meist geht es nach demselben Schema: Blank gibt ein repariertes Getriebe oder ähnliches an eine LPG. Als Gegenleistung erbittet er sich ein oder zwei Schweine. Dies ist wiederum ein willkommenes Tauschmittel für Ersatzteile. Oft gibt es ein bis zwei Jahre lang überhaupt keine Bremstrommeln. Zylinderkopfdichtungen erhält man nur aufgrund einer Dringlichkeitsbescheinigung teilweise direkt aus dem Panzerschrank. Jede getauschte Tragfeder muss in der Jahresbilanz aufgeführt werden. Immer wieder muss Blank unverrichteter Dinge abziehen, wenn trotz der versprochenen Zuteilung z. B. von Reifen ein „wichtigerer" Bedarfsträger auftaucht und den gleichen Wunsch hat. Selbst so einfache Dinge wie Unterlegscheiben müssen mühsam zusammengebettelt werden.

Dennoch gelingt es Roland Blank, der ab 1973 den Betrieb führt, „werksneue" IFA W 50 auf die Beine zu stellen. In der Regel ist Ausgangspunkt – und offizieller Grund der Neuzulassung – eine Fahrzeugruine aus der staatlichen Zuteilung. Glücklich ist man sogar schon, wenn man nur den Kraftfahrzeugbrief erhält, denn eine Neuerstellung eines Briefes gibt es in der DDR grundsätzlich nicht. Jahrelang vorher ist bereits ein kompletter Rahmen auf den Hof gekommen. Alle wei-

Nach der Wende beschaffter MAN Allrad-Haubenwagen mit Ladekran

Die heutige Oldtimersammlung von Blank mit „Schmuckstücken" aus ehemaliger DDR-Produktion: G 5, S 4000 und H 6

teren Komponenten stammen aus dem zusammengetragenen „Ersatzteil"-Fundus der betriebseigenen Werkstatt. An einem einzigen Wochenende montieren dann Vater, Sohn, Schwiegersohn, drei Schlosser und ein Elektriker alles zusammen, so dass am Montag ein funkelnagelneuer W 50 die Werkstatt verlässt. Dies vervollkommnet Blank so, dass alle W 50, die in der Firma im Einsatz sind, mehr oder weniger Neuanfertigungen darstellen. Damit es nicht gleich jedem auffällt, wird meist zunächst die alte Pritsche des Schlachtfahrzeugs aufgesetzt oder die Fahrerkabine in einer anderen Farbe weiterverwendet, bevor man das ganze Fahrzeug mit dem Blank-typischen türkisgrünen Anstrich versieht.

In die Phalanx der IFA W 50 reiht sich als Exot ein Robur LO 1801 ein. Der aus NVA-Beständen stammende kleine Allrad-Frontlenker ist rundum einfach bereift und wird bei Blank zum Kipper umgerüstet. Ein Barkas B 1000 Lieferwagen mit dem Zweitakt-Motor aus dem Wartburg-Pkw wird von Blank neben W 50-Fahrzeugen sogar im Fernverkehr eingesetzt. Der kleine Multicar M 25 Kipper steht heute noch für Kohlelieferungen im Einsatz, ebenso wie ein Lader, der aus einem RS 09 Geräteträger weiterentwickelt ist.

1981 gibt Roland Blank den Betriebsteil Brennstoffhandel an Sohn Thomas ab. 1990 erweitert dieser den Betrieb auf Güternah- und Fernverkehr sowie Heizölhandel. Die Tochter gründet mit ihrem Mann Jörg die Firma AB Transporte. Hausmarke ist seit der Wende MAN. Roland Blank kann aber seine alte Leidenschaft des „Bastelns" an alten DDR-Lastwagen nicht lassen. Was einst aus der Not geboren war, ist heute ein Hobby. In seinen Hallen stehen deshalb die verschiedensten Typen aus DDR-Produktion: restaurierte H 3 A/S 4000, G 5, H 6 und W 50 sowie andere Wagen.

MAN 19.372 Tankwagen mit Motiven aus der Blank-Tradition am Fahrerhaus

Ich danke Herrn Roland Blank für die Zeit, die er sich genommen hat, um die Geschichte seiner Firma zu erzählen. Alle veröffentlichten Fotos entstammen dem Archiv Blank.

MAN 19.414 der heutigen Spedition Blank

Stillstand ist Rückgang

Chronik des Fahrzeugbaus Wellmeyer in Bad Laer

Das kleine Örtchen Laer am Rande des Teutoburger Waldes, etwa auf der Hälfte zwischen Münster und Osnabrück gelegen und heute als Kurort unter dem Namen Bad Laer bekannt, ist zum Ende des 19.Jahrhunderts geprägt von Landwirtschaft und von einigen wenigen Kleinunternehmen, die Kalk und Sand aus dem Boden holen. So findet die Hufbeschlag- und Wagenschmiede Wellmeyer, die ihren Betrieb am Dorfrand ansiedelt, guten Zuspruch. Das Ende des ersten Weltkrieges bedeutet auch das Ende des bislang so „idyllischen" Handwerks, das Ende der kreativen Einzelanfertigungen ohne terminlichen Zeitdruck, das Ende einer beschaulichen Arbeitsgestaltung, bei der man ohne Probleme auch einmal einen Frühschoppen zu Arbeitsbeginn einschieben konnte. Maschinen ersetzen die zeitaufwändige Handarbeit. Auch die Landwirtschaft erhält durch die Mechanisierung ein neues Gesicht. Gefragt sind jetzt Betriebe, die die neuen Maschinen warten und reparieren können. So wendet sich die Firma Wellmeyer verstärkt dem Bereich der landwirtschaftlichen Maschinen und Geräte zu und bietet Pflüge, Kartoffelquetschen und sonstige mechanische Apparaturen an. Auch komplette Fahrzeuge, vorwiegend Anhänger für Schlepper und Lastwagen stehen ab Mitte der zwanziger Jahre im Programm.

WILHELM WELLMEYER FAHRZEUGBAU

Fordson Traktor mit Anhängern von W. Wellmeyer

Der Wellmeyer-Betrieb in den fünfziger Jahren

Kipper mit horizontal geteilter Bordwand aus den fünfziger Jahren

Traditionell arbeiten alle Söhne in der Firma. Sohn Wilhelm zieht es hinaus in die „weite Welt", und das bedeutet damals die Großstadt Münster, wo er bei der bekannten Fahrzeugbau-Firma Kiffe eine Anstellung findet. In Münster besucht er auch die Meisterschule in Abendkursen und legt am 24. Mai 1928 die Meisterprüfung im Schmiedehandwerk ab. Als er nach Laer zurückkehrt, macht er sich 1931 mit einer eigenen Werkstatt selbständig. Nur drei Häuser entfernt vom väterlichen Betrieb gründet Wilhelm Wellmeyer eine Huf- und Wagenschmiede, in der er auch Reparaturen an landwirtschaftlichen Fahrzeugen und Geräten durchführt. So kommt es, dass noch heute in dem kleinen Ort zwei eigenständige Firmen mit dem Namen Wellmeyer existieren und sogar beide im Fahrzeugbau tätig sind: am historischen Platz im Ortszentrum ist dies die Firma Heinrich Wellmeyer und draußen im weiträumigen Industriegelände die Firma Wilhelm Wellmeyer Fahrzeugbau GmbH & Co KG, mit deren Entwicklung sich dieser Bericht beschäftigt.

Wilhelm Wellmeyer hatte sich bereits im väterlichen Betrieb für den Fahrzeugbau eingesetzt. In sei-

Dreiseitenkipper mit Zwillingsbereifung rundum zu Beginn der fünfziger Jahre

12-Tonner (zwei 6 t-Achsen) für den Landhandel mit vorgespanntem Unimog

12 t-Fernverkehrspritsche

Dreiachser für den Fernverkehr

ner eigenen Firma muss er aus Platzgründen zunächst kurztreten und sich auf Reparaturen beschränken, doch sobald die ersten Kunden mit dem Wunsch nach einem speziellen Wagen an ihn herantreten, macht er sich an die Konstruktion eigener Entwürfe. Etwa 1933/34 wird der Fahrzeugbau offiziell aufgenommen, wobei Anhänger und Lastwagenaufbauten den Schwerpunkt bilden, anfangs für landwirtschaftliche Zwecke, bald aber für Transportaufgaben aller Art.

16 t-Kipper von etwa1958

Das Absatzgebiet der florierenden Firma umfasst die ortsansässigen Klinker- und Zementwerke, erstreckt sich allerdings auch weit über das Laerer Umland hinaus, bis in die frühindustriellen Zentren Versmold und Sassenberg sowie in den nördlichen Kreis Osnabrück. Vor allem die Versmolder Spediteure wissen die Wellmeyer-Produkte zu schätzen.

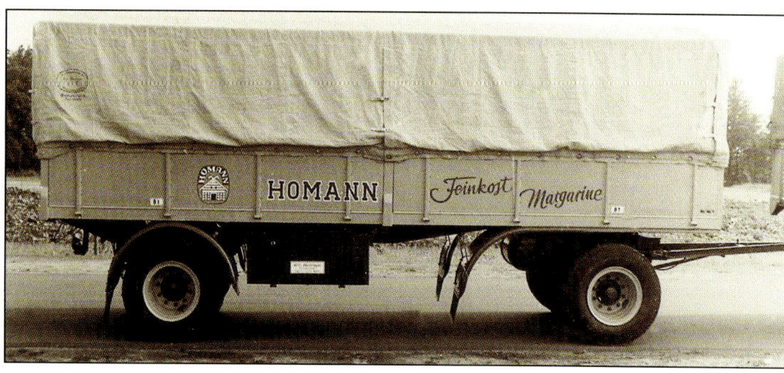

16 t-Pritschenwagen für die Fritz Homann Margarinewerke in Dissen

Dreiseitenkipper für 10 t Gesamtgewicht Ende der fünfziger Jahre

Mit der nationalsozialistischen Machtübernahme muss sich die Firma der von Gottfried Lindner ins Leben gerufenen „Fachgruppe Fahrzeugbau" anschließen. Innerhalb dieser Gemeinschaft werden die Produktionsschwerpunkte von Berlin aus den einzelnen Mitgliedsunternehmen zugewiesen. Wellmeyer wird in die Produktion des Wehrmachts-Einheitsanhängers E 05 integriert. Für dieses Modell ist jedes Detail von der zentralistischen Konstruktionsabteilung vorgeschrieben, jede Bohrung, jedes Knotenblech und jedes Scharnier. Weiterhin werden die Wellmeyer-Anlagen genutzt für den Bau von Schlitten für

Hanomag Garant
Großraumpritsche mit
zweigeteilter Bordwand

Mercedes L 319
Großraumaufbau
für eine
Sitzmöbelfabrik

Mercedes LP 1113
Viehwagen für den
Viehhändler Uthmann
in Ostbevern

Mercedes L 319 Viehwagen in Sperrholz(!)-Konstruktion

Dreiachs-Dreiseitenkipper für 22 t Gesamtgewicht

Krupp LF 901 für die Spedition Pflüger in Lengerich

Henschel HS 140 der Spedition Augustin in Meppen mit langem Pritschenauflieger für Spanplattentransporte

den Wehrmachtseinsatz in Finnland. Auch U-Boot-Klappen für die Marine und Ackerwagen verlassen die Werkstätten in Laer. Erbeutete Feindfahrzeuge werden bei Wellmeyer zu Sanitäts- oder Transportfahrzeugen umgebaut.

Notdürftig und mit viel Improvisationstalent geht es nach Kriegsende weiter. Bombenzerstörte Lastwagen werden hergerichtet oder aus einer Vielzahl von noch teilweise verwertbaren Teilen zusammengepuzzelt. Ehemalige Heeresfahrzeuge werden für zivile Zwecke umgewidmet. Alles, was rollen kann, wird mobilisiert, um das Transportgewerbe ins Laufen zu bringen. Doch bald läuft das Geschäft wieder und die historische Schmiede wird zu klein. Noch vor der Währungsreform wird 1948 eine neue rund 450 qm große Halle an einer der Ausfallstraßen bezogen. Mit sechs Mitarbeitern stellt Wellmeyer dort Fahrzeugaufbauten und Anhänger aller Art her.

Die Seebohmschen Gesetze und ihre Auswirkungen schlagen Mitte der fünfziger Jahre voll auf den Fahrzeugbau durch. Speditionen und andere Transportbetriebe halten sich mit Neubeschaffungen und damit mit Aufträgen für die Aufbauhersteller zurück. Jeder wartet ab, ob nicht doch noch eine „höhere Einsicht" kommt und die restriktiven und existenzbedrohenden Vorschriften über Maße und Gewichte zurückgenommen werden. Die beliebten schweren und nutzlaststarken Dreiachsanhänger dürfen überhaupt nicht neu zugelassen werden, sondern dürfen nur noch als Altfahrzeuge während einer Übergangszeit eingesetzt werden. Was sollte also einen scharf rechnenden Unternehmer dazu bringen, sich einen Neuwagen zuzulegen, der bedeutend geringere Transportleistung pro Fuhre erbringt? Die harten Jahre der Unsicherheit überbrückt die Firma Wellmeyer mit „artfremder" Tätigkeit. Man nutzt die Fertigkeiten in der Metallbearbeitung und stellt Schalungsträger für das Baugewerbe her, die bundesweit vertrieben werden.

Wilhelm Wellmeyer Junior wird in der väterlichen Firma groß, absolviert dort eine Schmiede-Lehre und übernimmt nach Rückkehr von der Meisterschule in Lüneburg 1960 die Leitung des Betriebes. Zum gleichen Zeitpunkt zieht sich Seniorchef Wilhelm Wellmeyer aus dem aktiven Geschehen zurück und verpachtet die Betriebsanlagen an seinen Sohn.

Bald ist das ehemals so geräumige Werkstattgebäude wieder zu klein und Wellmeyer baut 1966 weitere 500 qm Produktionsfläche an und schafft erstmals einen eigenständigen Bürotrakt. Getreu seinem Motto „Stillstand ist Rückgang" führt Wellmeyer nach einem weiteren Jahrzehnt einen Radikalschnitt durch. Rund um den bisherigen Betrieb sind inzwischen Wohnhäuser hochgezogen und eine Erweiterung ist nicht mehr möglich. So bebaut der agile Unternehmer ein 30 000 qm großes Grundstück „auf der

Mercedes LP 1113 Autotransporter mit „Schwalbennest"-Schlafkabine hinter dem serienmäßigen Fahrerhaus

Büssing Commodore U der Spedition Mussmann in Sassenberg mit W. Wellmeyer Dreiachs-Anhänger

grünen Wiese" am Rande des neu erschlossenen Industriegebietes von Bad Laer mit einer geräumigen Werkshalle mit zwei Hallenschiffen. Hier ist endlich genügend Platz für eine industrielle Fertigung. 1979 erfolgt der Komplettumzug an den neuen Standort. Die alte Werkstatt wird aufgegeben. 1990 ist der nächste Erweiterungsschritt fällig. Von nun an stehen etwa 5000 qm Produktionsflächen, die komplett mit Kränen ausgestattet sind, für die Fertigung zur Verfügung. Eine eigene Lackierhalle und ein Verwaltungstrakt schließen sich an.

Die deutsche Einheit beschert dem Laerer Unternehmen eine Tochter in Sachsen-Anhalt. Hier übernimmt Wellmeyer 1991 in Dardesheim einen Teil des ehemaligen Kreisbetriebes für Landtechnik Halberstadt. Auf dem Gelände wurden bis dahin landwirtschaftliche Fahrzeuge hergestellt und gewartet. Anfang 2000 werden in Osnabrück die Räumlichkeiten des traditionellen Fahrzeugbaubetriebes Lienemann von Wellmeyer übernommen und als Dienstleistungsangebot im Reparaturbereich weitergeführt.

Gebaut wird bei Wellmeyer fast alles, was der Kunde wünscht. Die Produktpalette beinhaltet alle Fahrzeuge für Speditionen und das Baugewerbe: Pritschenaufbauten, -anhänger und -auflieger, Sonderausführungen mit Ladetechnik und Ladebordwände. Gefertigt werden auch Kippaufbauten, -anhänger und -auflieger, Zentralachs-Kippanhänger, Kippauflieger als Dreiseiten- oder Hinterkippmulde, in konventioneller oder halbrunder Form. Zum Fertigungsprogramm gehören auch Autotransporter, Ballastanhänger für Autokrane, Auflieger mit Zwangslenkung, schwere Gesteins- und Schrottmulden-Auflieger, Wechselbrücken und Wechselbrückenanhänger und Umsetzer-Fahrzeuge für dieses Logistik-System. Im Bereich der Nutzfahrzeugfederungen werden eigene Blattfeder- und hydropneumatische Federungssysteme entwickelt. Als Patent angemeldet wird ein Niveauausgleich, der das Abkippen auch auf schrägem Untergrund ermöglicht.

Heute arbeiten vier Wellmeyer-Männer in dem Familienunternehmen. Neben Seniorchef Wilhelm II sind dies Wilhelm III. als Techniker und Fahrzeugbau-Meister, Siegfried als Diplom-Kaufmann und Andreas als Schmiedemeister, die gemeinsam die Traditionsfirma ins neue Jahrtausend führen. Der Pflege des Nutzfahrzeugerbes fühlt sich besonders Wilhelm Sen. verbunden, der auf zahlreichen Veteranentreffen mit seinem restaurierten Krupp LD 3,5 M 42 mit Junkers-Diesel oder einem wiederhergerichteten Mercedes O 3500 Bus auftaucht und in seiner Scheune eine große Zahl von unrestaurierten Nutzfahrzeugen bewahrt hat, die noch auf ihre „Wiedergeburt" warten.

Alle Fotos: Archiv Wilhelm Wellmeyer

Ich danke den Herren Wilhelm und Siegfried Wellmeyer, die mich mit vielfältigen Informationen und Bildmaterial großzügig unterstützten.

Henschel H 140 AK (Gesamtgewicht 14,6 t) mit W. Wellmeyer Dreiseitenkipper in Stahlkonstruktion

Henschel HS 22 TK Ganzstahlkipper. Zu diesem Zeitpunkt ist diese Konzeption noch eine Besonderheit. Selbst der größere Konkurrent Meiller liefert nur mit Blech verkleidete Holzböden.

Henschel HS 16 TAK Allrad-Dreiseitenkipper mit HIAB-Ladekran

Henschel H 261 AK mit Stahlkipper

Henschel HS 16 HAK
Allrad-Stahldreiseitenkipper mit automatischem Rückwandverschluss für den Einsatz beim Bau der neuen Autobahn A 1 „Hansa-Linie“

Henschel HS 19 HAS
in überschwerer Exportausführung mit 13 t-Hinterachse und Allradantrieb (Dreiseitenkippauflieger: W. Wellmeyer)

Mercedes LPS 2224 mit W. Wellmeyer Dreiseitenkippauflieger

Magirus Saturn 6x6 Dreiseitenkipper mit Holzbordwänden

Henschel F 161 AS mit W. Wellmeyer Dreiseiten-Kippauflieger

Mercedes LPS 2026 „Tatzelwurm“ als Fernverkehrszug

MAN 19.230 DFS 6x4 Steintransporter

Magirus 230 D 22 F 6x4 für 22 t Gesamtgewicht. Da am Heck ein Ladekran montiert ist, entwickelte W. Wellmeyer einen Wechselaufbau, der zur Seite hin ausschiebbar und so austauschbar ist.

Henschel HS 22 TS in der Version mit Kippkabine.
Der W. Wellmeyer-Steintransporter für die Firma Schmitz in Ibbenbüren ist ausgerüstet mit einem Heckladegerät System Hulo. Dieses niederländische Produkt wird am Ende des Aufliegers montiert und durch einen eigenen Hatz-Motor angetrieben.

MAN 19.230 DFK Dreiseitenkipper

„Tatzelwurm" von Henschel: F 221 S 2 mit zwei gelenkten Achsen

Mercedes LAS 1623 und Henschel F 191 AS, beide mit Kippaufliegern von W. Wellmeyer

Magirus 310 D 16 FAS mit Allradantrieb und Stahl-Dreiseitenkipp-Auflieger von W. Wellmeyer

Dreiseiten-Stahlkipper auf Henschel F 261 AK

Henschel F 191 AS mit
Dreiseiten-Kippauflieger

Magirus 22
Tonner-Allrad
mit Stahlkipper

Mercedes LAS 1623
Allrad mit Stahl-
Dreiseitenkipp-Auflieger

Mercedes LP 1519 Autotransporter mit Schlafkabine hinter dem feststehenden Fahrerhaus

Mercedes LP-Modell mit kippbarem Planenaufbau

Fernverkehrs-Dreiachser mit Hamburger Verdeck

Hanomag-Henschel F 221 S von etwa 1973 mit Hinterkipp-Auflieger und Frontpresse

Mercedes LAK 2624 für Kohletransporte im Ibbenbürener Steinkohlerevier

Scania LB 111 Dreiseitenkipper-Zug

MAN-Büssing 16.320 mit stehendem 320 PS-Motor und Hinterkipp-Auflieger von W. Wellmeyer

Mercedes LPK 1632 Dreiseitenkipper-Zug

FIAT 170 NC Sattelzug für einen Betonsteinbetrieb. Der vordere Teil des Aufliegers ist als Zweiseitenkipper konzipiert und der hintere Kasten als Dreiseitenkipper. Dazwischen ist ein Ladekran montiert.

Mercedes LPS 2032 mit zwei lenkenden Achsen. Der Auflieger besitzt zwei separat bedienbare Kippbrücken.

Magirus 256 D 16 AK mit Hinterkippmulde für ein Kalksteinwerk

Trotz seiner imposanten Länge ist dieser Sattelzug durch zwei mitlenkende Aufliegerachsen und zwei lenkbare Achsen an der Magirus-Zugmaschine extrem wendig.

Einseitenkipper für Kalkwerke in Paderborn auf Scania T 113 E mit 320 PS-Motor

Auch Glastransporter als Innenlader wurden bei Wellmeyer gefertigt

Dreiseitenkipper auf Scania T 113 H mit 360 PS

Hinterkipper mit Frontstempel auf MAN 30.321 VFK

Volkseigenes Übergewicht

Zur Geschichte von Schwertrans Leipzig

Von Kai Agthe

Innerhalb des Transportwesens der DDR war der „Volkseigene Betrieb (VEB) Schwertransport Leipzig" (STL) eine einzigartige Einrichtung: sowohl in Hinsicht auf die angebotenen Dienstleistungen als auch in Bezug auf seine Stellung im Kombinat Kraftverkehr der DDR. Seine Gründung in den frühen siebziger Jahren verdankte das Unternehmen – das bis 1989 die größte europäische Spedition für Großraum- und Schwertransporte werden sollte! – einem gravierenden Defizit: Es mangelte in dem kleinen Land an leistungsfähiger Technik für Spezialtransporte. Die Ursachen dafür sind sehr komplex und können hier nur angedeutet werden. Zum generellen Verständnis nur so viel: Eine zentrale Aufgabe, die sich die im Rat für Gegenseitige Wirtschaftshilfe (RGW) vereinigten sozialistischen Staaten gestellt hatten, galt der Spezialisierung der Volkswirtschaften. So konzentrierte sich die DDR etwa auf die Herstellung von Ro-Ro-Schiffen und Eisenbahnwaggons.

Die Produktion von Lastwagen, die auch im Bereich von Spezialtransporten einsetzbar waren, übernahmen die ehemalige Sowjetunion (Kras) und die einstige CSSR (Tatra). Damit mussten die Projekte, die u. a. die Ingenieure in der DDR für schwere Lkw entwickelt hatten, in den Schubladen verschwinden.

Nach dem Produktionsende der Baureihen H3 (bzw. S 4000) und H4 aus Werdau blieb der W 50 – und dessen Anfang der achtziger Jahre halbherzig modernisierter Nachfolger L 60 – der einzige relevante Beitrag der DDR zur Lkw-Produktion. International konnten sich die Fahrzeuge aus Ludwigsfelde kaum bzw. nur in den Entwicklungsländern Afrikas (so etwa

Leipziger Tatra mit Tender in malerischer Landschaft nahe des thüringischen Arnstadt.

Der Brot-und-Butter-Lkw beim Schwertransport in der einstigen DDR: Russische KRAS waren bei Schwertransport Leipzig als Sattelzugmaschinen und mit Ballastbrücke im Einsatz

in Mocambique und Angola) sowie in den Ländern des Nahen Ostens behaupten, zu denen die DDR gute Verbindungen pflegte (u. a. zum Irak). Deshalb prägten Zugmaschinen der Marken Kras und Tatra (letztere mit ihrem dank Luftkühlung so charakteristischen Sound) bis 1989 zum größten Teil den Schwerlastverkehr der DDR sowohl im zivilen als auch im militärischen Bereich.

Ein Problem, das aus der RGW-Spezialisierung resultierte, wurde zwar früh genug erkannt, konnte aber lange Zeit nicht zufriedenstellend gelöst werden: Lasten, die weder von Kras- noch von Tatra-Zugmaschinen zu bewegen waren, konnten logistisch von der volkseigenen Transportwirtschaft der DDR so wenig bewältigt werden wie von den staatlichen Speditionen der anderen RGW-Länder. Galt es in der DDR Brocken von mehreren hundert Tonnen und/oder extremen Abmessungen auf der Straße zu transportieren, mussten bis in die siebziger Jahre hinein Speditionen aus der Bundesrepublik mit deren Überstellung beauftragt werden. Das war, wie sich denken lässt, für die stets unter Devisenmangel leidende DDR ein teures Unterfangen, da neben dem eigentlichen Transport von A nach B innerhalb der DDR auch noch die Kosten für die An- und Abfahrt vom und zum westdeutschen Standort zu bezahlen waren. Dieser Zustand sollte durch die Gründung des „VEB Schwertransport Leipzig", der aus der direkt am Hauptbahnhof gelegenen Stückgut-Spedition und Lagerei Kühne & Co. hervorging, im Jahre 1972 endgültig aufgehoben werden. Die Schaffung von STL fiel also genau in die ersten Monate nach Honeckers Amtsantritt, in der bekanntlich die letzten privaten und halbprivaten Betriebe zwangsverstaatlicht wurden.

Die Notwendigkeit, Spezialtransporte selbst übernehmen zu können, wurde u.a. 1975 in einem Beitrag des im Ost-Berliner Transpress-Verlag erscheinenden „Motor-Jahrbuches" erörtert. Die beiden Autoren berichteten unter der Schlagzeile „Transport auf 160 Rädern" über die – im wahrsten Sinne des Wortes – bewegte Geschichte überschwerer Güter im allgemeinen und über den Transport eines Aggregats vom Überseehafen Rostock in den Süden der DDR im besonderen. Ohne die ausführende Spedition im Text namentlich zu erwähnen, so zeigten die wenigen beigegebenen Aufnahmen, dass es die Firma Baumann aus Bonn war, die 1973 einen 400 Tonnen schweren und 38 Meter langen Koloss auf zwei Scheuerle-Modulen mit den besagten 160 Rädern von der Ostsee in das mitteldeutsche Industriegebiet bewegt hatte.

Ferner war eine Fotografie enthalten, die mit dem Inhalt des Artikels zwar nicht direkt korrespondierte, dafür einen weiteren interessanten Schwertransport auf ostdeutscher Straße zeigte, der (Ende der sechziger oder Anfang der siebziger Jahre) von einer westdeutschen Spedition realisiert worden war. Zu sehen war ein Faun-Zugfahrzeug (wohl ein L 1206) mit zwei Modulen zu je vier Achsen und Drehschemeln, das – zum Zeitpunkt der Aufnahme – ein chemisches Aggregat durch Neubrandenburg bewegte. Die schon lange Jahre nicht mehr existierende, aber bei allen Fans der „Schwerlastfraktion" noch gut bekannte Spedition Rosenkranz aus der Bundesrepublik war es, die weiland den Transport im Auftrag des „Volkseigenen Kombinat Deutrans" (am Transportstück waren entsprechende Transparente angebracht) realisierte.

Die Produktion von Anlagen für die chemische Industrie war ein Bereich, mit dem sich die DDR auf dem europäischen Markt zu behaupten versuchte. Chemie hatte der kleine Staat reichlich zu bieten; sie konzentrierte sich vor allem im Großraum Halle-Leipzig-Bitterfeld sowie in Schwedt an der Oder. Benutzer der DDR Autobahnen werden sich – neben dem mörderischen Geruch im Umkreis dieser Werke – noch an die für westdeutsche Ohren oft magisch klingende Werbeformel erinnern, die an zahllosen Brücken der heutigen A 9 (z. B. am Turm der Elbbrücke bei Vockerode) zu lesen war: „Plaste und Elaste aus Schkopau". Buna-Schkopau und Leuna, beide zwischen Merseburg und Halle (Sachsen-Anhalt) gelegen, galten als Zentrum der chemischen Industrie und des Anlagenbaus.

Das war auch einer der Gründe, den „VEB Schwertransport" in Leipzig, also unmittelbar im mitteldeutschen Chemiedreieck, zu etablieren.

Der Gründung von STL im Jahre 1972 folgte der Aufbau des Fuhrparks mit der Indienststellung von Fahrzeugen des russischen Typs Kras (Zugmaschinen mit Ballastbrücken und Sattelzugmaschinen) sowie dreiachsigen Tatras, die auch bei STL die „Brot-und-Butter-Lkw" waren. Was diese Fahrzeuge von denen der anderen (gewöhnlich nach einem oder mehreren Landkreisen geordneten) DDR-Kraftverkehrsbetrieben unterschied, war die einheitliche Farbgebung: Die STL-Zugmaschinen waren blau lackiert. Solch ein Erscheinungsbild war nicht typisch, da die Lkw der Kraftverkehrsbetriebe gewöhnlich so gefahren wurden, wie sie aus dem Werk kamen.

Zwei Jahreszahlen sind für die Geschichte von STL von Bedeutung: 1970 und 1975. Im Jahre 1970 wurden zwei Faun-Zugmaschinen des Typs L 1206 angeschafft – und 1975 folgte ein Fahrzeug der Baureihe HZ 40.45/45 W (P). Die ersten beiden Lkw kamen im Zuge der Errichtung des Chemiekombinats Böhlen bei Leipzig, also noch vor der offiziellen Gründung von STL, nach Sachsen, das dritte Fahrzeug dann, um die wachsenden Transportaufgaben bewältigen zu können. Diese formschönen und zuverlässigen Fahrzeuge

Auch Tatra 813 gehörten zum Fuhrpark des VEB Schwertransport Leipzig, hier bei der Überführung eines Dampfloktenders auf vierachsigem Tieflader.

haben dem Unternehmen bis Anfang der neunziger Jahre treue Dienste geleistet.

Zeitgleich mit den ersten beiden Faun kaufte die DDR auch die ersten Spezialanhänger der Firma Scheuerle; das waren Module mit verschiedenen Achszahlen sowie diverse Pendelachsanhänger. Denn auch Tieflader, die Lasten jenseits der 100 Tonnen laden konnten, wurden in der DDR nicht hergestellt. Später erweiterte STL seinen Fuhrpark um Spezialanhänger von Goldhofer. Es muss als Ironie des Schicksals betrachtet werden, dass die aufwendigste und letzte Anschaffung des „VEB Schwertransport Leipzig" nie zum Einsatz gekommen ist: Eine gewaltige Seitenträgerbrücke, die vor 1989 bei Goldhofer bestellt worden war, hatte nach der politischen Wende in der DDR ihren logistischen Sinn verloren. Sie hätte russische Reaktoren und Anlagenkomponenten zu dem damals im Rohbau befindlichen Atomkraftwerk bei Stendal (Altmark) transportieren sollen. Doch nach der friedlichen Revolution vom November 1989, die von Leipzig ihren Ausgang nahm, gehörte dieses hybride Bauvorhaben der Honecker-Ära zu den ersten Projekten, dem zu Recht – da angesichts der kommenden Vereinigung beider deutscher Staaten volkswirtschaftlich überflüssig – der Garaus gemacht wurde. Die dafür vorgesehene Goldhofer-Seitenträgerbrücke, die aus zwei Modulen zu je vierzehn Achsen (!) bestand, wurde von STL zwar noch vertragsgemäß in Memmingen abgeholt, sollte aber den Leipziger Betriebshof nicht mehr verlassen. Dieser Anhänger ging später an die Spedition Pieper in Dortmund, die ihrerseits die Seitenträger nach Südamerika und die Anhängermodule nach Nigeria verkaufte.

Schwergewichtiges Doppel: FAUN 40.45/45 W (P) mit 450 PS schwenkt mit Dampflok auf elfachsigem Tieflader am Bestimmungsort ein. Der Tender folgt mit Tatra.

Eine wesentliche Ergänzung des STL-Fahrzeugparkes war Anfang der achtziger Jahre zu verzeichnen, als weitere fünf Faun-Zugmaschinen nach Leipzig kamen. Dabei handelte es sich um vier HZ 36.40/45 6x6 und ein Fahrzeug des Typs HZ 46.40/49 8x8 mit serieller Niederdruckbereifung. Von den Fahrern wurden diese Lkw kurz „Russland-Faun" genannt; die beiden L 1206 und die eine HZ 40.45/45 W (P) zur Unterscheidung als „Straßen-Faun" bezeichnet. Der Spitzname „Russland-Faun" erklärt sich aus

STL-FAUN HZ 36.40/45 6x6 beim Transport einer Anlagenkomponente auf zwei vierachsigen Modulen Mitte der achtziger Jahre

STL-FAUN (noch in Originallackierung) mit zwei vierachsigen Modulen beim Transport eines in Karl-Marx-Stadt (Chemnitz) hergestellten Aggregats.

der vorherigen Nutzung der fünf Zugmaschinen. Diese waren – vor allem in Verbindung mit selbstlenkenden dreiachsigen Nachläufern – seit 1974 (8x8) bzw. 1978 (6x6) an der sowjetischen Erdgastrasse beim Transport von bis zu 38 Meter langen Röhren zum Einsatz gekommen. Bei dieser Tätigkeit in den schier endlosen Weiten der ehemaligen Sowjetunion mit ihren klimatischen Extremen (Temperaturen bis zu minus 50 Grad im Winter und knietiefer Schlamm im Frühling und Sommer) waren die Schwergewichte von Faun ohne Konkurrenz.

Ende einer Dienstfahrt: STL-FAUN HZ 36.40/45 6x6 und HZ 40.45/45 W (P) bei der Spedition Pieper in Dortmund. Klar zu erkennen: die nachträglich angebrachte Schlafkabine an der „Russland-FAUN".

Auch diese Zugmaschinen, die in Russland und auch in den ersten Monaten nach ihrer Überstellung in die DDR noch in der vom Hersteller gewählten orangefarbenen Lackierung fuhren, erhielten bald das für STL so charakteristische blaue Äußere. An die Kurzfahrerhäuser der „Russland-Faun" wurden durch die improvisationsfreudigen Fahrer und Mechaniker Ein-Mann-Schlafkabinen (sog. „Schwalbennester" oder „Rucksäcke") aus Polyester angefügt. Ferner wurden den ursprünglich als Sattelzugmaschinen konzipierten Faun-Fahrzeugen Ballastbrücken aufgesetzt,

Bei STL fuhr nur eine FAUN HZ 46.40/49 8x8, die die Fahrer „Russland-FAUN" nannten. Bevor sie in den Fuhrpark eingegliedert wurde, hat diese Zugmaschine beim Pipeline-Bau in der einstigen Sowjetunion geholfen. Hier sieht man das Fahrzeug noch auf dem Betriebshof in Leipzig (Foto: M. Schauer)

sche Anlagen in die CSSR und technisches Gerät zu den DDR-Brigaden, die an der sowjetischen Erdgastrasse, also viele Tagesreisen hinter Moskau, ihren Dienst verrichteten. Viereinhalb Wochen dauerten z. B. Fahrten von Leipzig nach Perm und zurück. Zwar hatte man in den achtziger Jahren versucht, die Nachschubtransporte für die Erdgastrasse von der Straße auf die Schiene zu verlagern. Aber nachdem in der russischen Ebene oft ganze Universalbagger (!) von den Zügen der SU-Bahn gestohlen wurden, beauftragte man bald wieder den VEB Schwertransport Leipzig mit der Überstellung der schweren Technik. Manchmal übernahm das Unter-

die ebenfalls in den betriebseigenen Werkstätten hergestellt wurden. Denn diese Lkw fuhren bei den Sachsen ausschließlich mit Schwerlastanhängern.

STL fuhr in alle Herren Länder, vor allem zum Zwecke des Exports von überschweren Gütern. Freilich durfte nicht jeder Fahrer überall hin. Nur wer „mauermündig" war, der erhielt die Erlaubnis ins westliche Ausland oder, wie es im DDR-Bürokraten-Deutsch hieß, ins NSW („Nichtsozialistische Währungsgebiet") zu fahren. Andere Schwerlastkapitäne mussten sich mit Fahrten nach Osteuropa begnügen. So brachten STL-Kutscher, die nicht nach Westeuropa fahren durften, Bierreaktoren nach Bulgarien, chemi-

Von den ersten drei STL-FAUN-Zugmaschinen hat eine die Zeitläufe dank der Umsicht der Dortmunder Spedition Pieper überlebt: HZ 40.45/45 W (P) nach Restaurierung

(Foto: M. Schauer)

Leipziger Allerlei: Der Bestand an FAUN-Fahrzeugen nach dem Aus für Schwertrans Leipzig. Vorne eine „Straßen-FAUN", dahinter die „Russland-FAUN".

nehmen auch Transporte für Drittländer, so u. a. zwischen Polen und den Niederlanden.

1982 kam es zu einer einschneidenden Veränderung der rechtlichen Stellung von STL. Bis dahin ein selbständiges Unternehmen, hatte es fortan als „Betriebsteil Schwertransport" des VEB Kraftverkehr Leipzig zu firmieren. Diese Inkorporation war zunächst ein weiterer Schritt zu Konzentration des Transportwesens im Zuge der Kombinatsbildung. Böse Zungen meinen aber noch heute, mit diesem Kniff sollte vor allem die volkseigene Statistik geschönt werden. Während der Moloch Kraftverkehr trotz kaum zu bewältigender Transportaufgaben beständig in die ro-

Die Titan 40.525 von Schwertrans Leipzig mit zehnachsigem Tieflader bei einem Aggregattransport. Das Fahrzeug ging 1996 nach Belgien. Der dortige Spediteur verkaufte die Zugmaschine kurze Zeit später nach Thailand, wo sie ihr nunmehr drittes Leben begann. (Foto: M. Schauer)

ten Zahlen fuhr, habe man durch Übernahme des Schwertransportbereichs, der regelmäßig schwarze Zahlen schrieb, die Bilanzen aufpolieren können.

Später Höhepunkt im erlesenen Fuhrpark von Schwertransport Leipzig, der sich in puncto Lkw- und Anhänger-Vielfalt bald zur größten europäischen Spedition für Spezialtransporte mauserte, bildete die Eingliederung eines sehr seltenen Stückes, das von PEMA über Deutrans, der internationalen Spedition der DDR, dem Schwerlastbetrieb zur Verfügung gestellt wurde. Noch heute schwärmen die ehemaligen Fahrer von der dreiachsigen Titan 40.525 AS, die 1987 nach Sachsen gelangte. Ähnlich wie die Zugmaschinen von Faun, so erhielt auch dieses Fahrzeug (das die orangefarbene Lackierung behielt, da es offiziell zu Deutrans gehörte) einen Spitznamen. Wegen der ausladenden Haube des MAN-Umbaus, unter dem ein Cummins-Motor zuver-

Von der Leipziger Messe direkt in den Fuhrpark des VEB Schwertransport: die Titan 40.525 hier noch als Ausstellungsstück. Die Planenspriegel wurden erst bei STL höher gesetzt.

Die Kurve gekriegt: Leipziger Titan-Zugmaschine beim Transport eines im Chemischen Anlagenbau Stassfurt (CAS) hergestellten Aggregats (vor 1989) auf zwei Modulen zu fünf Achsen.

lässig arbeitete, wurde das Gefährt recht treffend „Krokodil" genannt. Diese Titan-Zugmaschine verfügte zwar über einen Sattelteller, fuhr aber nur mit Ballastpritsche und zog für die Leipziger ausschließlich Anhänger und Module von Scheuerle und Goldhofer. Gewartet wurde dieser Lkw in der DDR-Außenstelle des in Osterode (Harz) ansässigen Unternehmens, die sich seinerzeit beim Kraftverkehr in Halle (Saale) befand. Das einzige Manko an diesem ansonsten grundsoliden Fahrzeug seien, so die ehemaligen Fahrer, die konventionellen MAN-Achsen gewesen, die nur bedingt den Anforderungen des Schwertransports genügt hätten.

Das STL-Fahrzeugprogramm komplettierten in den verbleibenden Jahren bis zur Wende noch drei MAN- und fünf Mercedes-Zugmaschinen (alle unter dem Dirigat von Deutrans stehend, deshalb mit orange-roter Lackierung). Die guten Sterne (2632, 2633 und 2638) kamen 1983/84 nach Leipzig; die MAN-Dreiachser des Typs 40.525 mit langem Radstand folgten 1987/88. Ein weiteres seltenes Fahrzeug, ein MAN 48.700 VFA 8x8, wurde STL für geraume Zeit zum Testen überlassen. Schwerlast-Freunde dürften diesen vierachsigen Lkw

Stellplatz in Leipzig: Titan 40.525 6x6 auf dem Betriebshof des VEB Schwertransport Leipzig. Von den Fahrern wurde sie liebevoll „Krokodil" genannt.

Stille Eintracht auf dem Leipziger Betriebshof von Schwertrans Leipzig: Die Titan 40.525 und dahinter eine von vielen Kras-Zugmaschinen mit Ballastbrücke.

u. a. von der Münchener Spedition Voss kennen, bei der diese 700-PS starke Zugmaschine ebenfalls eine Zeitlang im Einsatz war. Der V-12-Bolide von MAN kam in der DDR sogar einmal zu Presse-Ehren. So zeigte eine Schweriner Tageszeitung am 23. April 1987 den MAN 48.700 VFA – der auf einem Goldhofer-Anhänger zwei Schiffswippkräne zu je 25 Tonnen geladen hatte – auf dem Weg von Schwerin nach Rostock, von wo aus die Ladung die Seereise nach Bulgarien antrat.

Soweit sich sehen lässt, sind die drei MAN-Zugmaschinen von Schwertrans Leipzig in der DDR Exoten geblieben, da selbst der vielfältig bestückte Fuhr-

Die Kraft von zwei Motoren: ein MAN 40.525 und eine dreiachsige Mercedes-Zugmaschine von STL bewegen zentimetergenau ein Brückensegment zum Bestimmungsort (Aufnahme nach 1989)

park von Deutrans derartige Lkw nicht im Bestand hatte. Einzig die DDR-Ölgesellschaft Minol setzte (neben Volvos der Baureihen F 88/89 und F10 für die Belieferung der Autobahntankstellen) im Bereich „Aero-Service" Flugfeldtankfahrzeuge auf Basis des MAN 26.320 ein. MAN-Design war dennoch allzeit präsent im Straßenbild der DDR; jedoch nur in Gestalt des ROMAN. Das ist jene Marke gewesen, die Rumänien als MAN-Lizenz fertigte. (Auch der ungarische Fahrzeugbauer RABA stellte Lkw auf Basis von MAN her, die jedoch nicht in die DDR exportiert wurden.) In der einstigen DDR fuhren vier ROMAN-Typen: Zweiachsige Sattelzugmaschinen mit Langfahrerhaus (R 10.215 FS), dreiachsige Zugmaschinen mit Kurzfahrerhaus (R 19.215 DFS) sowie dreiachsige Hinterkipper und Betonmischer, ebenfalls auf der Basis des R 19.215. Fast zeitgleich mit dem MAN 48.700 VFA kam ein weiteres Testfahrzeug zu Probezwecken nach Leipzig. Bei diesem Lkw handelte es um eine bullige Titan Z 42.530 6x6 mit V-12-Motor

Gewichtiger Doppelpack aus Sachsen: MAN und Titan 40.525 von Schwertrans Leipzig gemeinsam auf großer Fahrt (vor 1989).

Kraftpaket im vorläufigen Ruhestand: Während die FAUN zu Pieper gingen, übernahm die Spedition Sauter nach 1995 die MAN-Zugmaschinen von Schwertrans Leipzig.

und Niederdruckbereifung. Einen Herbst und einen Winter unterstützte die Titan die Transporteure von STL. Doch wie auch bei der vierachsigen MAN-Zugmaschine, so konnten sich die staatlichen Stellen auch bei der Z 42.530 nicht zum Kauf entschließen; die Titan, die abermals der Lkw-Verleih PEMA zur Verfügung gestellt hatte, trat deshalb den Heimweg in die Bundesrepublik an.

Das Nachwendejahr 1990 bescherte auch dem Schwertransport Leipzig ein Wechselbad der Gefühle. Knapp zwei Jahre blieb STL noch ein Bestandteil der Leipziger Verkehrsgesellschaft mbH, die aus dem VEB Kraftverkehr Leipzig hervorgegangen war. 1992 wurde der Bereich STL an die Spedition Sauter aus Frankfurt/Main veräußert, zu der das Unternehmen noch heute gehört, obwohl es inzwischen unter dem Doppelnamen „ITL-Industrietechnik Leipzig/Schwertransport Leipzig Betriebs GmbH" firmiert. Der Disponent Rudolf Bluhme hat seinen Dienstsitz noch immer in der Brandeburger Straße 5 in Leipzig. Nach anfänglichen Schwierigkeiten ist das Unternehmen heute wieder voll in Fahrt. Mit einem Fuhrpark, der sich aus Volvos (F16, FH16 und FH 12), MAN und Mercedes-Benz sowie 30 Plattformachsen rekrutiert, fährt man heute u. a. Umformtechnik aus Erfurt zu den Tochterunternehmen der Volkswagen AG nach Spanien und Tschechien. Auch die drei 1988 gekauften MAN 40.525 mit langem Radstand gehören heute noch zum Fuhrpark von Schwertrans Leipzig. Allerdings ist nur eine dieser Zugmaschinen im regulären Einsatz; die beiden anderen wurden vorläufig stillgelegt.

Nach der Übernahme von STL durch die Firma Sauter wurden die meisten Fahrzeuge sukzessive abgestoßen. Die Dortmunder Spedition Pieper, die die große Seitenträgerbrücke mit den zwei Modulen zu je vierzehn Achsen erworben hatte, kaufte auch die „Russland-Faun" sowie die „Straßen-Faun" HZ 40.45/45 W (P). Letztgenanntes Fahrzeug wurde durch das Dortmunder Unternehmen (das seine eigene L 1206 auch über die Zeitläufte gerettet hat) liebevoll restauriert und in den Firmenfarben lackiert. Die anderen STL-Faun verkaufte man weiter. Sowohl die vierachsige HZ 46.40/49 als auch die dreiachsigen HZ 36.40/45 ziehen jetzt in Abu Dhabi überschwere Lasten für die Erdölindustrie und die Wasserwirtschaft.

Ein vergleichbares Schicksal widerfuhr auch dem Leipziger „Krokodil", der Titan 40.525 AS. Sein zweites Leben begann für das Fahrzeug 1995 in Belgien; das bis dahin orange-schwarze Fahrzeug erhielt von seinem neuen Besitzer eine feuerwehrrote Lackierung und wurde als Sattelzugmaschine gefahren. Mittlerweile hat sich aber auch die belgische Spedition von der einstigen STL-Titan getrennt – und nach Thailand verkauft. Dort begann ihr drittes Leben. Der Schwerlast-Fan sieht's mit einem lachenden und einem weinenden Auge, da ältere Titan- und Faun-Fahrzeuge in der Bundesrepublik kaum noch anzutreffen sind. (Wahrscheinlich sind die Faun L 1206 und HZ 40.45/45 W [P] der Spedition Pieper die letzten Schwerlastzugmaschinen dieser Baureihen, die sich hierzulande erhalten haben.)

Es war ein geliebtes Einzelstück bei Schwertrans Leipzig: MAN 48.700 VFA 8x8 im Einsatz. Dieses V 12-Fahrzeug war u.a. auch für die Münchener Spedition Voss unterwegs.

Der „VEB Schwertransport Leipzig" war mit seinen 96 Plattformachsen nicht nur im Ostblock, sondern auch im gesamteuropäischen Maßstab ein singulärer Transportbetrieb. Derartig flexible Technik wie bei STL konzentrierte sich sonst nirgends. In der einstigen DDR verfügten nur noch die Kraftverkehrsunternehmen Rostock, Karl-Marx-Stadt (Chemnitz) und Eisenhüttenstadt in ihren Deutrans-Abteilungen über Kapazitäten für Schwer- und Großraumtransporte, freilich in wesentlich geringerem Umfang. Die Eisenhüttenstädter fuhren u. a. Zugmaschinen von Mercedes, die in einem Fall von der Firma Titan aufgerüstet

700 PS für zwei Schiffswippkräne zu je je 25 Tonnen: MAN 48.700 VFA 8x8 von Schwertrans Leipzig im Frühjahr 1987 auf dem Weg vom Schiffsausrüster in Schwerin zum Hafen Rostock.

Schwertransport unter extremen Bedingungen: Titan Z 42.530 6x6 fuhr einige Zeit als Testfahrzeug bei STL. Zur Verfügung gestellt wurde das Fahrzeug von PEMA.

worden war. Wenn aber zu DDR-Zeiten wirklich schwere Brocken zu bewegen waren, dann wendete man sich nach Leipzig.

Neben den typischen Straßentransporten boten die Sachsen auch eine eher seltene Dienstleistung an: Luftkissentransporte. Auf diese Weise hat STL geholfen, Portal- und Hellingkräne von Gesamtgewichten bis zu 400 Tonnen in die richtige Position zu bringen, so u. a. im Rostocker Hafen. Ein Service, den auch die Spedition Sauter noch eine Zeit lang angeboten hat. Auch wenn man es zu vermeiden versuchte, so mussten des öfteren Spezialtransporte bei Eis und Schnee realisiert werden. Das ist immer eine rutschige Angelegenheit. Um die Unwägbarkeiten auf ein Mindestmaß zu reduzieren, hatte STL – nach russischem Vorbild – einen W 50 mit einer Flugzeugturbine bestückt, mit deren Hilfe man winterliche Wege in Minutenschnelle in Sommerstraßen verwandelte. Das sorgte selbst in eisigen Wintern links und rechts der zu passierenden Straßen für so manches „Rosenwunder". So erzählen ehemalige STL-Fahrer noch heute gern, dass die selbstgestaltete mobile Enteisungsanlage derart effizient arbeitete, dass in so manchem Vorgarten, der an der Fahrtroute lag, die Blumenstöcke zu blühen begannen.

Auch wenn STL in bescheidenerem Umfang noch heute existiert, so wird es an die Zeiten, die 1990 endeten, nicht mehr anknüpfen Können. Das hat objektive Gründe: Der Markt für Schwertransporte ist heute derart umkämpft, dass es sich keine Spedition mehr leisten kann, eine Anhängertechnik mit 100 Plattformachsen zu halten. Mit diesen Zeilen sollte an das „volkseigene Übergewicht" aus Leipzig erinnert werden, das zu den größten Unternehmen seiner Art auf dem Kontinent zählte – und dessen Kürzel für die Liebhaber von Schwertransporttechnik zu einer Zauberformel geworden ist: STL.

Der Dank gilt an dieser Stelle Rudolf Bluhme (Leipzig), Bernd Gottschalk und Georg Motzkau (Engelsdorf), Daniel Fischer (Dresden) sowie Michael Schauer (Lippstadt), ohne deren Unterstützung dieser Beitrag nicht entstanden wäre.

Alle Fotos, soweit nicht anders vermerkt: Archiv Agthe

Ein Bild mit Seltenheitswert: Winterlicher Transformatorentransport mit Titan Z 42.530 als Zug– und FAUN HZ 40.45/45 W (P) als Schubfahrzeug.

Nicht jeder MAN ist ein MAN

Die italienische Firma MAN-Meccanica

Vielen, die geschäftlich oder im Urlaub durch Italien gefahren sind, sind sie schon entgegenkommen, die kleinen allradgetriebenen Frontlenker mit dem Schriftzug MAN an der Front. Doch ungewöhnlich ist die Kabine, ein Fahrerhaus aus der „Viererclub-Serie", das doch eigentlich nur von Magirus, Volvo, DAF und Renault verwendet wurde. Noch mysteriöser erscheint der Namenszusatz MAN-Meccanica. Ist es eine Filiale der bekannten Münchener Nutzfahrzeugmarke? Nein, ganz und gar nicht. Des Rätsels Lösung liegt im Namen des Firmengründers. Herr Antonio Maniero gründete im Jahre 1967 im kleinen norditalienischen Örtchen Masera di Padova, in der Nähe der Großstadt Padua gelegen, die Firma MAN-MECCANICA und wählte dafür die ersten drei Buchstaben seines Nachnamens. Schon seit 1947 existierte als Vorgängerfirma die Meccanica Maniero. Zunächst nahm niemand Anstoß an dem verwechslungsträchtigen Namen, doch als immer mehr Lastwagen mit dem MAN-Zeichen auf den Straßen auftauchten, wurden die Münchener aufmerksam und es kam zu Prozessen über die Namensrechte. Fazit war, dass die Italiener ihren kompletten Namen weiterhin führen durften, wohl weil keine Punkte wie beim großen Namensvetter zwischen den Buchstaben stehen und immer der vollständige Name verwendet wird, allerdings „zufällig" immer nur in Großbuchstaben. Als verkürztes Logo wird jedoch nur „MM" verwendet.

SG 4 MM 4x4

Schon von Anfang an hat sich MAN-MECCANICA auf eine Marktlücke spezialisiert, eine Lücke, die in Deutschland fast ausschließlich vom Unimog in Lastwagenversion gefüllt wird, nämlich die der leichten bis mittelschweren hochgeländegängigen Lastwagen mit Allradantrieb. Dieser Markt wird in Italien zu jenem Zeitpunkt nur durch spezielle Militärversionen aus dem Lancia-Werk in Bozen bedient, die als Zivilausführungen als Fiat oder OM verkauft werden, aber relativ teuer sind. In dieser Marktlücke tummeln sich einige italienische Kleinstanbieter wie Sirecome oder Fresia, der letztere eigentlich ein Spezialist für Schneefräsen.

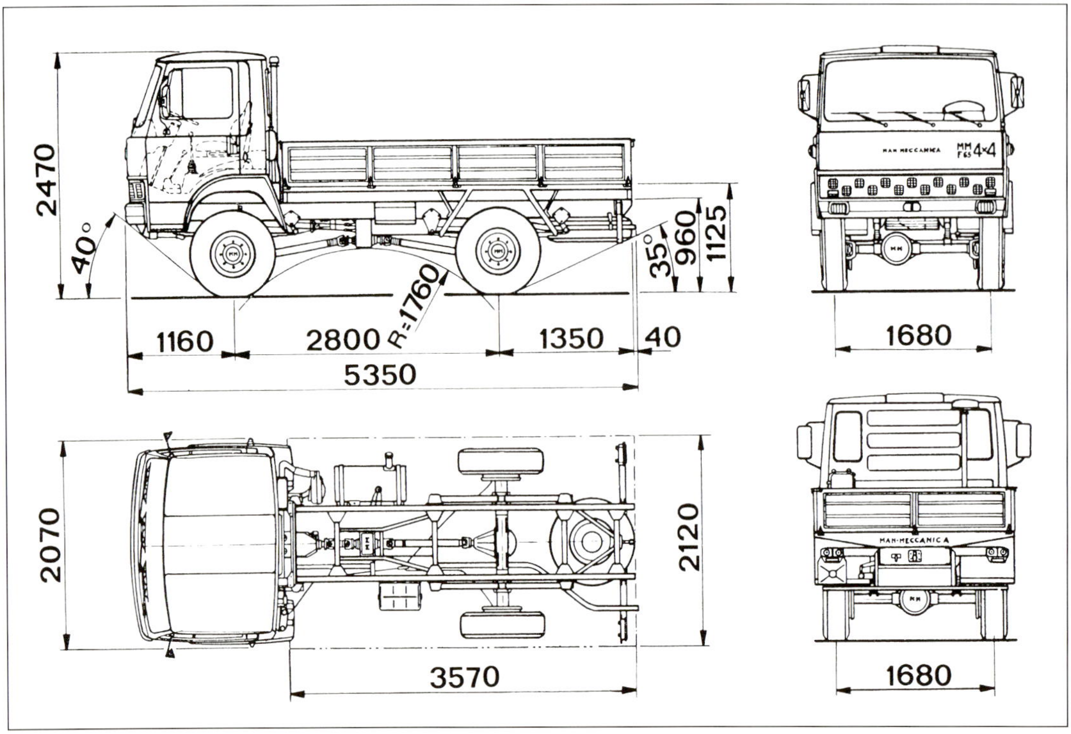

Maßzeichnung MM F 65 4x4

Die ersten Serienmodelle von MAN-MECCANICA basieren auf dem Saviem-Renault-Modell SG 4. Die Kabine ist die Original-Version von Saviem aus Frankreich, auch die Antriebseinheit, ein Vierzylinder-Diesel nach MAN (diesmal München!) Direkteinspritzer-System. Die Höchstleistung des 3,3 Liter-Motors beträgt 83 PS bei 3200 Umdrehungen. Die beiden angetriebenen Achsen stammen aus eigener Fertigung. Rundum ist der MM SG 4 4x4 einfach bereift mit der Dimension 9.00-16 und trägt eine Nutzlast von etwa 3,8 Tonnen. Diese Nutzlastangabe ist auch die Typbezeichnung für die entsprechende Alfa Romeo-Version des MM 4x4, denn der italienische Sportwagenhersteller ist zu diesem Zeitpunkt noch im Lastwagengeschäft tätig, allerdings nicht mehr mit eigenen Schwerlastern, sondern nur noch mit Lizenzversionen von Saviem. So ist der MM A 38 4x4 baugleich mit der Saviem-Ausführung. Auf der Basis des A 38 wird vom italienischen Karossier Ruggeri sogar ein hübscher 23sitziger Allrad-Omnibus aufgebaut.

MM F 65 4x4 mit 86 PS

Ende der siebziger Jahre wendet sich MAN-MECCANICA der Fiat-Technik zu, denn in deren

Angebot fehlt ein kostengünstiger Allradwagen. Verwendet wird jetzt grundsätzlich die Frontlenker-Kabine der Zeta-Baureihe, wobei auch bis zu achtsitzige Mannschaftskabinen geliefert werden können. Die Typbezeichnungen der neuen Allradwagen orientieren sich an der Angabe des Gesamtgewichts. So ist der F 65 für 6,5 t, der F 85 für 8,5 t und das Modell 12 T für ein Gesamtgewicht von 12 t zugelassen. Bei allen kommt eine Fiat-Maschine zum Einsatz, bei den beiden leichteren Typen ein Vierzylinder-Diesel mit 88 PS und beim schwereren Modell ein Sechszylinder-Diesel mit 138 PS. Sechszylinder-Fiat-Maschinen sind auch installiert in den schweren Allradfahrzeugen der Typenreihen F 99, 16 T und 18 T (Typbezeichnung ebenfalls am Gesamtgewicht orientiert), allerdings mit einer Höchstleistung von 178 PS. Die Fünfganggetriebe stammen von Fiat, während das Zweigang-Verteilergetriebe und die Achsen von MAN-MECCANICA selbst gefertigt werden.

MM 18T 4x4 mit 178 PS

MM F 99 4x4 mit 130 PS

Ohne Stopp kann der Antrieb der Vorderachsen selbst in voller Fahrgeschwindigkeit hinzugeschaltet werden. Der Rahmen mit zwei stabilen geraden Längsträgern entsteht ebenfalls in Masera di Padova. Die spezielle Konstruktion der beiden angetriebenen Achsen ermöglicht eine extrem hohe Bodenfreiheit. Die Kardangelenke in der Vorderachse sind so offen konzipiert, dass sich kaum Schlamm oder sonstiger Unrat ablagern kann.

Auf der Basis von MM F 99 oder F 65 bietet der italienische Autocaravan-Hersteller Grand Erg Expeditionswohnmobile, die optimale Geländegängigkeit

MM 16T 4x4 (178 PS) mit Fassi Kran

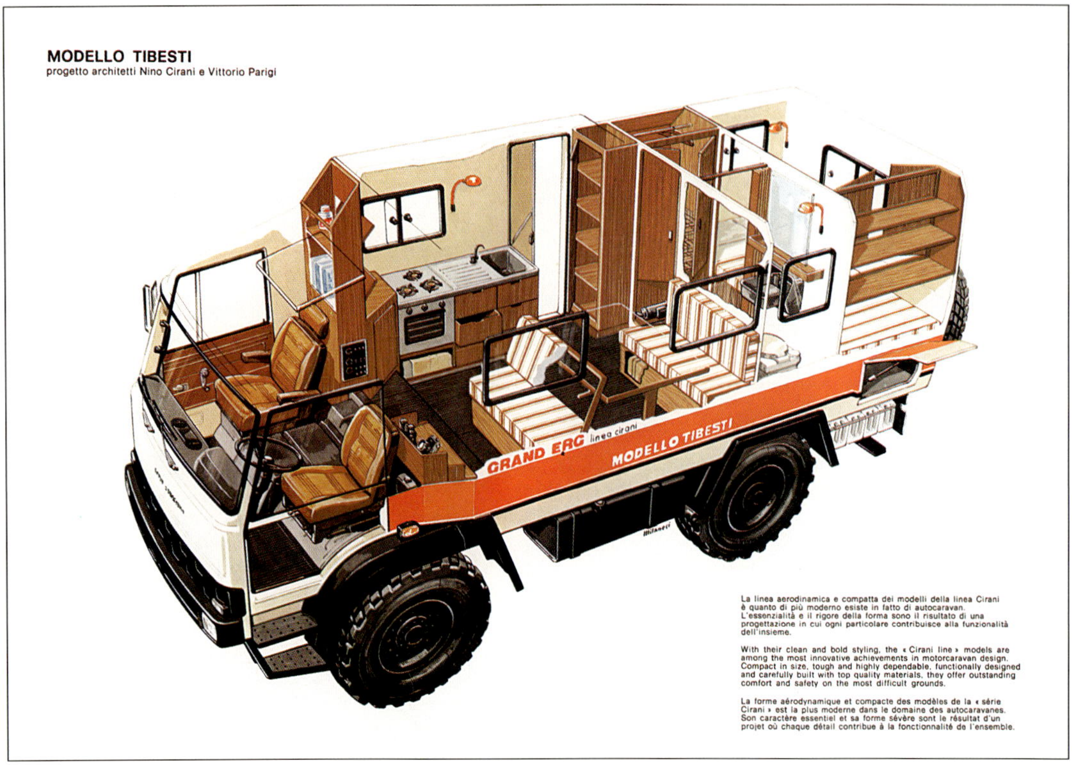

mit hohem Wohnkomfort vereinigen. Wie der Name des Fabrikanten schon sagt, sind sie konzipiert für Unternehmungen wie die Durchquerung der lebensfeindlichen Sahara, wo der wagemutige Pilot darauf angewiesen ist, dass er alles Lebensnotwendige an Bord hat und sich zudem auf die Mechanik seines Fahrzeuges hundertprozentig verlassen kann. Eine Fehlfunktion könnte tödlich sein. Das Modell Tibesti auf MM F 99 4x4 besitzt den Fiat 130 PS-Diesel mit 5499 ccm. Der Wohnmobilaufbau ist komplett aus einteiligem glasfaserverstärktem Kunststoff hergestellt und auf neun Gummilagern montiert. Das Innere ist unterteilt in zwei separate Schlafräume und ein zentrales Abteil, das Toilette, Küche und Garderobe aufnimmt. Während das Doppelbett im Heck stets bereit bleibt, entsteht die vordere Schlafeinheit durch Umklappen des Essbereiches. Zwei Wassertanks mit Filteranlage speichern bis zu 400 Liter Frischwasser. Der Abwassertank besitzt eine Kapazität von 80 Litern. Die Kraftstofftanks können bis zu 1000 l Dieselöl bunkern, so dass der Tibesti über 2500 km ohne Tankstopps auskommen kann. Etwa 116000 Dollar muss

MM F 65 4x4 mit 88 PS

MM 12T 4x4 von 1996 mit 7180 l-Tank

der potenzielle Kunde 1981 an den Hersteller für ein Fahrzeug des Modells Tibesti überweisen.

Ende der achtziger Jahre wird das Programm von MAN-MECCANICA erweitert um noch stärkere Typen. Weiterhin im Angebot bleibt der F 99 4x4 mit 130 PS-Fiat-Maschine. Optisch gleich, auch mit der Fiat-Kabine, erscheint der 99 Turbo 4x4 mit Volvo Sechszylinder-Direkteinspritzer und Turboaufladung. 180 PS leistet der 5,5 Liter-Motor des Typs TD 60 B. Dieselbe schwedische Maschine verwendet MAN-MECCANICA für den Typ MM 200 turbo 4x4. Erstmals wird nicht mehr eine Fiat-Kabine aufgesetzt, sondern ein geräumigeres Haus aus der sogenannten Viererclub-Reihe, und zwar die Version, die auch Volvo für die Baureihe F 6 verwendet. Als Getriebe kommt ein synchronisiertes ZF 5 Gang-Aggregat zum Einsatz. Das Zweigang-Verteilergetriebe stammt weiterhin aus eigenem Hause, ebenso wie die Vorder- und Hinterachsen. Auf öffentlichen Straßen darf der MM 200 mit einem Gesamtgewicht von 18 t und ca. 12 Nutzlast fahren. Es sind allerdings tech-

MM 200 turbo 4x4 mit 180 PS Volvo-Diesel

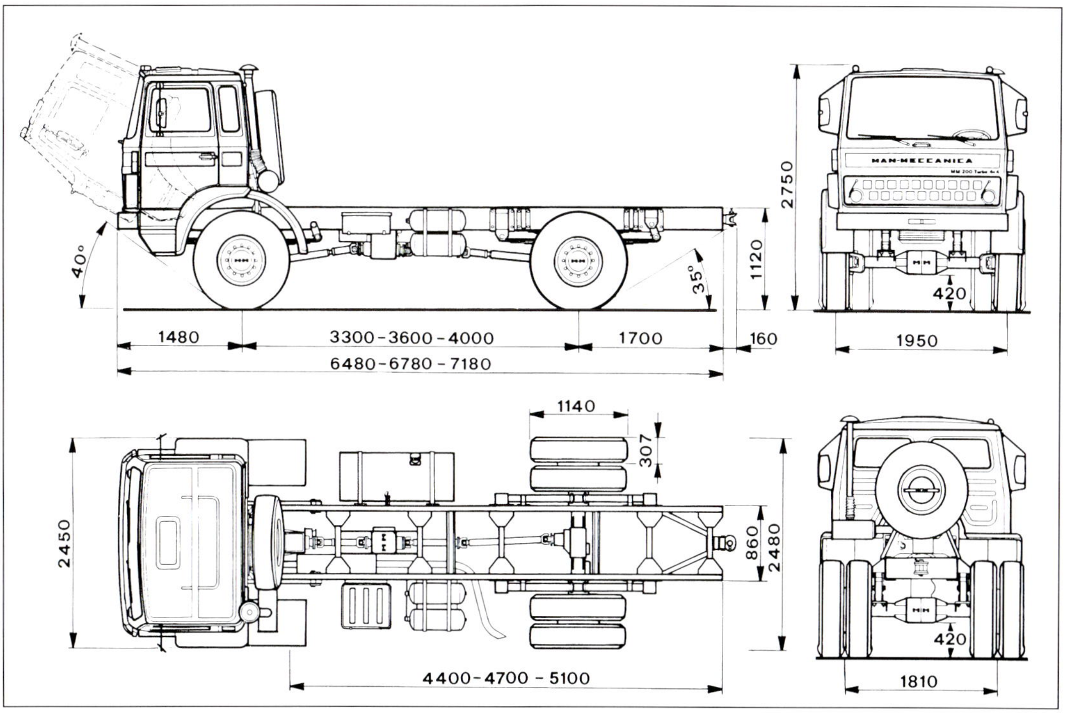

Maßzeichnung MM 200 turbo 4x4

MM 99 evoluzione 4x4 bei der Feuerwehr Padua (Foto: Regenberg)

nisch Nutzlasten bis zu 14 t möglich. Nach Auslaufen der Fiat-Kabinen hat sich MAN-MECCANICA voll auf die Kabinen der Viererclub-Reihe konzentriert, die man zuletzt nur noch von Renault Vehicules Industriels bezieht. Der wichtigste Lieferant für Motoren und Getriebe bleibt Iveco AIFO.

Hauptkunden für die hochgeländegängigen Allradwagen sind von Anfang an öffentliche Auftraggeber wie Feuerwehren, Kommunalbehörden und das Verteidigungsministerium sowie Elektrizitätsunternehmen wie ENEL und Telekommunikationsfirmen wie S.I.P. Auch bei einigen italienischen Flughäfen, z. B. Bologna, Bari und Florenz sind Allradfahrzeuge von MAN-MECCANICA im Einsatz.

Neben kompletten Allrad-Lastwagen liefert MAN-MECCANICA Achsen und Getriebe an andere Hersteller. Ein eigener Fertigungsbereich ist die Fabrikation von hydraulischen Hubsteigern mit Knickarm für Arbeitshöhen bis zu 16 Metern.

Zu Beginn des Jahres 2000 lief die Produktion von Lastwagen bei MAN-MECCANICA aus, da die Firma in Schwierigkeiten geriet. Unter dem neuen Namen MAN Meccanica Engineering werden heute Spezialaufträge für öffentliche Auftraggeber in den alten traditionellen Hallen in Masera di Padova abgewickelt.

10 m-Plattform MM ba auf Alfa Romeo A 12

Alle Fotos: Werkbilder MAN-MECCANICA

Von der Wand zum Brecher

Henschel-Lastwagen im Steinbrucheinsatz bei der Fuhrgesellschaft Risse

Erinnerungen von Heinz Kruschinski

Heinz Kruschinski (Jahrgang 1926) war gelernter Kraftfahrzeug-Mechaniker und fing nach einem Zwischenjob als Fernfahrer 1963 im Steinwerk Risse an. Dort war er verantwortlich für die technische Betreuung der Fahrzeuge und später als Kfz-Meister und Komplementär mit federführend bei der Fahrzeugbeschaffung. Dabei war er zusammen mit dem Henschel-Händler Witteler aus Brilon und den Konstrukteuren des Fahrzeugbaus Riepe in Anröchte Mitinitiator außergewöhnlicher Sonderfahrzeugkombinationen.

Die Steinwerke F.J. Risse GmbH & Co KG in Warstein führen ihre Gründung auf das Jahr 1899 zurück, das Jahr, in dem der Maurermeister Franz Risse die erste Werkstatt für eine Betonwarenfertigung einrichtet. Da er noch im selben Jahre verstirbt, muss der älteste Sohn Franz Josef die Aufbauarbeit der Firma übernehmen. Produziert wird, was der Markt verlangt: Kanalisationsrohre, Brunnenringe, Bordsteine und Treppen. Bald wendet man sich auch den künstlerischen Dingen zu und fertigt Denkmäler und Kunststeine für Fassaden und Podeste. Allein der Aufbau der Möhnetalsperre bringt laufende Aufträge.

Anfangs gestaltet sich der Gesteinsabbau noch recht mühsam. Ein Mann sitzt auf einem Brett und drückt mit der Hand einen Meißel lotrecht auf das Gestein. Zwei andere schlagen im Takt abwechselnd auf das Stahlteil ein. Nach jedem Schlag wird der Meißel in dem mit Wasser gefüllten Bohrloch ein Stück gedreht. Von Zeit zu Zeit wird das Bohrloch mit Drahtlöffel und Lappen von Schlamm befreit. Der technische Fortschritt löst bald die harte und gefährliche Arbeit ab, zunächst der Dampfhammer und dann der Presslufthammer. Es dauert allerdings bis 1955, bis die risikoreiche Handbohrtechnik ersetzt wird durch die Großbohrlochmethode mit neuen Sprengverfahren, die endlich einen gezielten Sohlenabbau – heute bis etwa 25 m Wandhöhe – gestattet.

Mit dem Fortschritt der Bohrtechnik geht auch eine Veränderung der innerbetrieblichen Transportmit-

„Don Camillo" und „Hein Lersch", die ersten Büssing 8000 S 13 Kipper der Fuhrgesellschaft

Der Büssing 8000 S 13 feiert seine 100 000 km-Leistung.

tel einher. Anfangs sind es Schubkarren, dann Frontkipper und Kippmulden auf Gleisen. Einer Revolution gleich ist der Einsatz des ersten Baggers am 22. März 1951. Es ist ein L 3 von Orenstein & Koppel. In zwanzig Minuten verlädt er jetzt, was bislang die Tagesleistung eines Mannes mit Loren war. Wenn eine Wand komplett gesprengt wird, kommen auf einmal mehrere tausend Tonnen an Gestein herunter. So machen sich bald sechs bis sieben Seilbagger an die Arbeit, um dieses zu verladen, denn die leistungsfähigen Mahlanlagen stehen an anderer Stelle des Betriebes.

Das Transportwesen wird zunehmend zu einem wichtigen Faktor. Bereits seit 1915 hatte sich ein bedeutsamer Kalksteinversand entwickelt, zunächst an die Kupferhütte in Duisburg, nach dem Kriege an Zementwerke im Beckumer Gebiet. Der Abtransport von den Steinbrüchen erfolgt mit Pferdefuhrwerken zum Bahnhof und dann weiter per Eisenbahn zum Endabnehmer. Anfang der fünfziger Jahre erkennen die Verantwortlichen im Steinwerk Risse, dass man, um konkurrenzfähig zu bleiben, zwar die Preise der Rohsteine durch weitere Mechanisierung drücken könne, nicht aber die Transportkosten. Eine Tonne Kalkstein kostet inzwischen in der Herstellung nur 2,50 DM, während der Transport der gleichen Menge mit 6,50 DM zu Buche schlägt. Die einzig sinnvolle Lösung scheint darin zu bestehen, diese Aufgabe in Eigenregie zu übernehmen.

So kommt eines Tages der Mitarbeiter Willi Unger zu Ewald Risse und schlägt vor, für die Steintransporte nach Beckum ein eigenes Unternehmen auf die Beine zu stellen. Am 4. November 1952 wird die eigenständige Fuhrgesellschaft Risse KG gegründet. Neben der rein betriebswirtschaftlichen Denkweise steht hinter dieser Gründung auch der Versuch, eine Lösung der Sozialen Frage zu finden in einer Zeit, die gekennzeichnet ist durch den scheinbar ungehemmten Aufschwung der „Wirtschaftswunderära", in ei-

Fuhrpark mit Henschel HS 16 Kippern und einem alten Büssing 8000

Der alte Büssing aus den Beständen der britischen Rheinarmee mit Dreiachs-Anhänger transportiert bis zu 42 t Ladung.

ner Zeit, in der sich aber alle noch erinnern können an die Entbehrungen der Kriegs- und Nachkriegsjahre. Ausgehend von christlichem Gedankengut wird mit der Fuhrgesellschaft das Experiment gewagt, Produktionsmittel in Arbeitnehmerhand zu übertragen, eine für damalige Zeiten fast revolutionäre Vorgehensweise. 23 Beschäftigte des Steinwerkes Risse werden Kommanditisten in der neu gegründeten Fuhrgesellschaft. Bis zum 1. Januar 1953 erweitert sich der Kreis auf 41 Betriebsangehörige, einschließlich der drei Inhaber der Firma Risse. Eintrittsvoraussetzung in die KG mit einer Einlage von zunächst 250 DM DM ist eine mindestens fünfjährige Betriebszugehörigkeit. Später werden die Bedingungen auf 1000 DM Einlage und zehn Jahre Betriebszugehörigkeit erhöht. Auch als Rentner bleibt man noch Gesellschafter und nach dem Tode wird die Witwe als Kommanditist aufgenommen. In den Höchstzeiten umfasst der Betrieb bis zu 120 Gesellschafter, die aus ihrem Kreis zwei verantwortliche Komplementäre wählen. Einziger, aber sicherer Auftraggeber ist die Firma Steinwerke Risse, für die die Fuhrgesellschaft die Auslieferung an Kunden übernimmt. Bei den Fahrzeugbeschaffungen ist die neu gegründete Gesellschaft voll selbständig, auch inbezug auf die Finanzen. So wird der erste Lastwagen durch Kredite von der Versicherung finanziert. Es ist ein Büssing Typ 8000 als Dreiseitenkipper, der am 6. Dezember 1952 auf den Hof rollt. Getauft wird er auf den Namen „Don Camillo". Zuverlässig legt er den täglichen Weg zu den Zementwerken in Beckum, Neubeckum und Ennigerloh zurück. So wird auch das zweite Fahrzeug ein Büssing desselben Typs, der bei der Übergabe im Jahre 1954 den Namen des Arbeiterdichters Hein Lersch erhält. Bekannter wird der Wagen allerdings zusammen mit seinem Stallbruder Don Camillo als „Peppone".

Der innerbetriebliche Verkehr innerhalb des Steinbruches erfolgt immer noch mit gleisgebundenen Loren und mit gleislosen Robusterkübeln. Als man aber bei der Verladung von den Seilbaggern zu Hydraulikmaschinen übergeht, müssen leistungsfähigere Transportmittel her. So beauftragt man ab 1962 die Fuhrgesellschaft auch mit dem innerbetrieblichen Transport. Dafür werden zwei identische Büssing 8000 ge-

Henschel HS 16 mit Riepe-Aufbau und Dreiachs-Anhänger mit zwei einzelnen Kammern

braucht beschafft. Diese erfüllten bislang ihren Dienst als Pritschenwagen in der Nachschuborganisation der Britischen Rheinarmee. Durch den langen Radstand ergibt sich ein großer freier Raum zwischen der von Riepe in Anröchte installierten Kippbrücke und dem Fahrerhaus. Hier montieren die Anröchter einen stabilen Kabinenschutz. Der Aufbau ist als Einseitenkipper ausgeführt, da immer nur an derselben Stelle abgekippt wird. Kombiniert werden die Büssing-Wagen mit Dreiachsanhängern. Da die Auffangtrichter des Brechers nur eine bestimmte Breite haben, ist der Anhänger-Aufbau in zwei standardisierte Längen – ebenso wie beim Motorwagen – aufgeteilt und separat abkippbar. Obwohl die Büssing 8000 nur mit Hinterradantrieb und 180 PS-Maschine ausgestattet sind, transportieren sie bei jeder Fuhre 48 bis 50 t Gestein über ungebahnte Wege von der Wand zum Brecher. Und dies bei einem extrem hohen Eigengewicht, da allein die robuste Bodenplatte aus 16 mm starkem Stahlblech gefertigt ist! Während des 8 Stunden-Tages legen sie die Strecke von 600–1100 m bis zu 25mal zurück. Dies ist trotz der Untermotorisierung nur möglich, da beladen nur auf gleicher Ebene oder sogar leicht bergab gefahren wird. Am Brecher wird jeweils zur gleichen Seite abgekippt. Über Hydraulikventile kann der Fahrer aus der Kabine das Kippen und Öffnen jeder einzelnen Einheit steuern. Im Brecher wird das Material zerkleinert und über Laufbänder zur Siebanlage geführt und dort nach Körnungen zwischen 0,5 und 16 mm sortiert. Die einzelnen Sortierungen werden in Hochsilos gefüllt, unter die die Straßenfahrzeuge zur Abholung fahren können.

Nach den gebrauchten Büssings folgen fast nur noch Schwerlastwagen der Marke Henschel. Zunächst sind es Haubenwagen des Typs HS 16 HK, wiederum von Riepe in Anröchte ausgerüstet mit Einseitenkippmulden. Wenn diese Wagen auf öffentlichen Straßen fahren, sind sie kombiniert mit zweiachsigen Kippanhängern. Im innerbetrieblichen Verkehr werden allerdings auch öfters zwei Hänger angespannt. Bei langen Gefällstrecken müssen die Bremsen dann allerdings immer voll in Ordnung sein. Die Henschel-Kipper werden stets bis an den Rand ihrer technisch möglichen Nutzlast von etwa 15 t ausgelastet. Da sie

Feierliche Übergabe des Henschel F 420 Kippers

trotz dieser Dauerbelastung keine Schwächen zeigen, wird Henschel bei Risse zur Hausmarke und der Briloner Händler Witteler zum Hauptlieferanten.

Während anfangs die Armee-Büssings noch parallel zu den Wagen aus Kassel gefahren werden, werden sie nach Zulauf weiterer gebrauchter Henschels ausgemustert. Diese Henschel fuhren vorher im öffentlichen Straßenverkehr und werden in der betriebseigenen Werkstatt mit zusätzlichen Federblättern steinbruchtauglich gemacht. Die bis dahin installierten Kipperrahmen werden demontiert und bei Riepe ersetzt durch eine neue Unterkonstruktion mit zusätzlicher Gummifederung. Zeitweise fahren bis zu 11 Henschel zur gleichen Zeit für

Mit zwei Anhängern transportiert man in einem Arbeitsgang bis zu 42 t.

Als Exot kommt ein einzelner Mercedes-Kipper in den Henschel-dominierten Fuhrpark

die Fuhrgesellschaft Risse. Als Exot mischt sich einmal ein Mercedes mit Stahlmulde dazwischen.

Die Bagger werden immer größer und leistungsfähiger, eine Schaufelladung füllt fast die gesamte Ladefläche. Es muss also ein stärker dimensioniertes Fahrzeug her. Aufgrund der guten Erfahrungen will man allerdings bei der Marke Henschel bleiben. In Kassel gibt es zu diesem Zeitpunkt jedoch keinen nutzlaststarken Dreiachser mit Hinterradantrieb, denn auf den kostenintensiven Allradantrieb kann man bei dem Einsatzzweck verzichten.

So kommt Witteler auf die Idee, ein Fahrzeug, das bislang im Henschel-Programm nur für Sonderzwecke wie z. B. Flugfeldtankfahrzeuge vorgesehen ist, entsprechend umrüsten zu lassen (siehe auch Bericht in Jahrbuch Lastwagen-Album 2001). Das für den Straßenverkehr nicht zugelassene Fahrgestell mit der Typbezeichnung F 420 bringt durch eine geänderte Übersetzung neben mehr Nutzlast auch mehr Zugkraft. Die Verstärkungen des Fahrgestells lassen schon eine Nutzung mit 42 t Gesamtgewicht zu, so dass am Fahrgestell nichts mehr geändert zu werden braucht. Riepe setzt in Anröchte eine Seitenkippmul-

Heinz Kruschinski (Mitte) und Hans Witteler aus Brilon (in der zweiten Reihe) bei der Auslieferung des neuen Henschel F 420 mit Riepe Aufbau

Henschel HS 16 HK mit Riepe Einseiten-Kippaufbau

Henschel F 420 mit Riepe-Aufbau, beladen mit etwa 20 t Kalkstein. Der Riepe-Anhänger mit zwei 20 t-Achsen fasst nochmals etwa 30 t Gestein.

de mit spezieller Unterkonstruktion auf das aus Kassel angelieferte Chassis. Da der F 420 eine 15 cm breitere Spurweite aufweist, wird auch der Aufbau entsprechend breiter als bei den Straßenfahrzeugen. Auch die speziellen Anhänger für eine optimale Nutzung konstruiert Riepe. Der extrem langradständige Zweiachser ist mit zwei 20 t-Warsteiner-Achsen ausgerüstet. Als Bereifung kommen die Dimensionen 12.00-20 zum Einsatz, am Anhänger rundum doppelt. Probleme mit den Reifen gibt es vor allem am Anhänger, da die Lauffläche überbelastet ist und ein kleiner spitzer Stein genügt, um sich voll durchzubohren. Zwei F 420-Züge werden an Risse geliefert. Sie laufen von 1971 bis ca. 1992 und werden dann verschrottet.

Später kommen auch Frontlenker-Dreiachser aus dem Serienprogramm hinzu, immer aber von Henschel (bzw. Hanomag-Henschel). Ende der achtziger Jahre entschließt man sich bei Risse, von reinen Lastwagenkonstruktionen überzugehen auf spezialisierte Off Road-Muldenkipper. Es kommen 28 Tonner-Zweiachser von FAUN und zweiachsige 50 Tonner von Euclid in die Warsteiner Betriebe. Mit den leistungsfähigen Riesen kommt auch die neue Zeit in den Steinbruch mit einer nur noch betriebswirtschaftlich bestimmten Hektik. In diese Zeit passt nicht mehr das soziale Experiment „Fuhrgesellschaft" mit Eigentum in Arbeitnehmerhand. So wird die Fuhrgesellschaft Risse im Jahre 2000 aufgelöst und das Transportwesen von den Steinwerken in Eigenregie übernommen.

Alle Fotos: Archiv Witteler/Kruschinski

Die Informationen über die Anfänge der Steinwerke Risse sind entnommen der Festschrift „Arbeit zeigt den Weg – Werdegang eines Unternehmens", Hrsg. Steinwerke F.J. Risse GmbH u. Co. KG, Warstein 1974.

Lang lebe der IFA W 50

Das „Nutzfahrzeugmuseum" Vietnam

Vietnam – ein Name, den wir verbinden mit Krieg und Zerstörung, mit Napalmbomben und Flüchtlingsströmen. Inzwischen ist wieder Frieden eingekehrt. Das Leben geht weiter, muss wieder weitergehen. Und es ist wieder ein schönes Land, ein Land mit freundlichen, dem Fremden gegenüber offenen Menschen, obwohl ihnen Fremde so viel Leid zugefügt haben. Ansatzweise öffnet sich das Land auch wieder für den Tourismus. Neben Tempeln und Pagoden, wogenden Reisfeldern, pittoresken Märkten und menschenleeren, kilometerlangen Sandstränden fasziniert auch die Vielfalt der Nutzfahrzeuge.

Verkehrsgewühl in der vietnamesischen Hauptstadt Hanoi: Menschenmassen auf Fahrrädern in Zwanzigerreihen nebeneinander, dreirädrige Lastenräder mit abenteuerlich vor dem Fahrer aufgetürmten Kartonpyramiden, Rikschas mit ein, zwei oder drei Personen im vorderen Körbchen, dazwischen wild hupende Kleinmotorräder, in der Regel Hondas aus japanischer, chinesischer, thailändischer oder vietnamesischer Produktion, ab und zu ein Personenwagen kleinerer Bauart. Doch halt, dazwischen ragt ein bekanntes Gesicht auf, ein hochbeiniger Frontlenker mit Panoramascheibe und einem für das Fahrgestell etwas zu klein geratenen Fahrerhaus über einer schwülstigen Taille, ein frei stehender Kühlwassereinfüllstutzen und ein Karo mit drei Buchstaben auf den senk-

„Sattelschlepper" auf vietnamesisch

IFA W 50 als Kipper

IFA W 50 L

IFA W 50 als Viehtransporter in Haiphong

IFA W 50 LA Allrad in Hanoi

rechten Lüftungsschlitzen des Kühlergrills – nicht zu verkennen: ein IFA W 50. Die inzwischen in die Jahre gekommenen Arbeitstiere, der Stolz der Produktion des früheren „Arbeiter- und Bauernstaates" DDR, werden uns noch überall im Nordteil des ehemals geteilten Landes entgegenkommen. An den Ausfallstraßen der Städte überall Werkstätten, die sich auf die Aufbereitung der DDR-Laster spezialisiert haben. Aufbereiten heißt hier eine Verstärkung des Rahmens und der Achsen, damit sie die üblichen 10 bis 13 Tonnen Nutzlast vertragen können, die man ihnen aufbürdet. Motor und Antriebsstrang bleiben in der Regel unangetastet. Auch die Bremsen werden nicht unbedingt angepasst. Aber die robusten Laster laufen zuverlässig mit ihrer „atemberaubenden" Motorleistung von 110 oder 125 PS. Heute ist wohl die größte IFA W 50-Dichte der Welt in Vietnam zu registrieren. Alles was irgendwo noch an Relikten dieser Spezies existierte, wurde von vietnamesischen Händlern aufgekauft, so dass sie in ihrem Heimatland schon zu den seltenen Exoten gehören. Meist sind es hinterradgetriebene Versionen der W 50-Reihe, aber auch einige Allrad-Ausführungen aus NVA-Beständen haben sich in das südostasiatische Land verirrt.

Während sich der IFA W 50 höchster Wertschätzung bei den vietnamesischen Transporteuren erfreut, fristen die anderen DDR-Produkte wie die ebenso alten Robur-Modelle ein Schattendasein.

Im Kommen sind die modernen Lastwagen aus japanischer oder südkoreanischer Produktion, doch gegen die Übermacht der IFA W 50 kommt keine andere Weltmarke an. Sie sind robust und mit einfachsten Mitteln überall im Lande zu reparieren. Russische und chinesische Modelle, häufig noch mit Benzinmotoren sind da bedeutend weniger beliebt. Es gibt Haubenwagen von GAZ und ZIL und Frontlenker von MAZ. Die schwere Fraktion ist vertreten durch die KrAZ-Kipper und -Zugmaschinen mit ihren imposanten Langschnauzen.

Eine Besonderheit sind die typischen vietnamesischen Eigenkonstruktionen von Kleinlastwagen. Basis bilden zwei stabile Rahmenlängsträger, vier Räder – oft Traktorräder, die hinten größer sind als vorne – und massive Achsen. Dazu ein vor sich hin bollernder Einzylinder-Diesel. Aufgebaut ist eine einfache Ladefläche und eine Fahrersitzbank. Als besonderer Luxus wird ein „Fahrerhaus" aus glatten Metall- oder Holzplatten montiert. Optimum des Designs ist eine Verkleidung des vorn stehenden Motors.

IFA W 50 mit einer Ladung Fahrrädern, dahinter ein Hino

IFA W 50 L mit nachgerüstetem Allradantrieb

Robur 1801 Allrad

Russischer MAZ 555 mit kurzem Radstand als Kipper

Eigenbau unter Verwendung der Karosse eines GAZ-Geländewagens. Die Reisernte wird auf der Straße ausgelegt und von den durchfahrenden Autos gedroschen.

Völlig anders sieht es im südlichen Landesteil aus. Hier bestimmen die Relikte der amerikanischen Truppen das Straßenbild. Dreiachsige Ungetüme aus US-Armee-Beständen, teilweise im Originalzustand mit drei angetriebenen Achsen, vielfach zum Zweiachser umgerüstet oder verbaut bis zur Unkenntlichkeit. Auch die Überlandbusse basieren häufig auf stabilen US-Lastwagen-Fahrgestellen mit überdimensionierten Reifen.

Ab und zu taucht im Straßenbild Vietnams ein Relikt aus der ehemaligen französischen Kolonialperiode auf, meist Renault Lieferwagen des Typs Goelette. In manchen vietnamesischen Städten sind Busse auf diesem Fahrgestell noch die wichtigsten Träger des öffentlichen Personennahverkehrs.

In und rund um die Wirtschaftszentren des Südens, vor allem im heute Ho-Tchi-Minh-City heißenden ehemaligen Saigon, sieht man eine bunte Mischung von Fahrzeugen aus aller Welt. In der Regel sind es Gebrauchtwagen, die als Wirtschaftshilfe oder in Privatinitiative importiert wurden. So gibt es auch typisch deutsche, orangefarbene Müllwagen mit Haller-Aufbau auf Mercedes- und MAN-Fahrgestellen in HCMC.

Alle Fotos.: Regenberg

MAZ 500 Tankwagen

ZIL 130 im ländlichen Norden Vietnams

In Kleinserie gefertigter vietnamesischer Lastwagen

Frontlenker mit vorn stehendem Motor aus vietnamesischer Kleinserienproduktion

KAMAZ aus sowjetischer Produktion in Saigon

Überlandbus auf schwerem De Soto Lkw-Chassis

Umbau eines amerikanischen Armee-Lastwagen

Ex US-Army-Lastwagen der schweren M-Serie als Tankwagen in Saigon

Zum Zweiachser umgebauter Armeelastwagen der M-Serie

De Soto 800 Tankwagen

Einachsschlepper als Lkw

Amerikanischer De Soto, die Exportmarke der Chrysler Corporation

Renault Goelette

Renault Überlandbus in Danang

Fernverkehrslastwagen von International Harvester im Chinesenviertel von Saigon

Öffentlicher Personennahverkehr in Saigon: „Stadtbusse" auf Innocenti Lambro 500

Unter der Plane dieses Ex-US Army Dreiachsers verbirgt sich eine komplette Caterpillar-Raupe.

42 Jahre Wismut

Was hat das mit Fahrzeugbau zu tun?

Von Heinz Neubert

Heinz Neubert (Jahrgang 1929) beginnt seine berufliche Laufbahn mit einer Lehre als Technischer Zeichner in der Auto Union AG Werkg Siegmar. Ab 1946 arbeitet er als Konstrukteur, Ing.-Konstrukteur, Abteilungsleiter der Erzeugniskonstruktion und später als Leiter Betriebsmittel und Werkzeugbau. Von 1955 bis 1961 absolvierte Heinz Neubert ein Studium an der TU Karl-Marx-Stadt (heute Chemnitz). Seit 1993 ist er im Ruhestand.

Dazu erst einmal ein Rückblick: Im Jahre 1946 gründete die damalige Sowjetunion ein Unternehmen, welches im Erzgebirge untertägig Uranerz abbaute. Das war damals das drittgrößte Unternehmen der Welt. Für den Transport des Abraumes zur Halde, sowie der erzhaltigen Massen zur Aufbereitung wurden Fahrzeuge aus der Sowjetunion der Typen GAS 93 und SIS 585 eingesetzt. Die Instandhaltung dieser Fahrzeuge war ausschlaggebend für die exakte Erfüllung des Erzabbaues. Deshalb übernahm die AG Wismut den Betrieb unter dem Namen „AG Wismut Werk Dwigatej" am 18. September 1948. Was war das vorher für ein Betrieb?

Dazu wieder ein Rückblick. Im März 1911 wurde in den Chemnitzer Wanderer-Werken mit der Fertigung eines zweisitzigen Personenkraftwagens begonnen, der als „Wanderer-Puppchen" Weltruhm erhielt. Bis dato wurden in dem Werk noch Fahrräder, Schreibmaschinen und Fräsmaschinen hergestellt. Weil die Produktionsfläche aufgrund der großen Nachfrage nach Fahrzeugen zu klein wurde, lagerte das Werk die Fahrzeugfertigung nach Siegmar – ca. 2,5 km vom alten Standort entfernt – auf ein 250.000 qm großes Grundstück aus und baute dort ab dem Jahr 1921 das modernste Automobilwerk Europas auf. Ab dem Jahre 1922 wurden dort die bekannten Wanderer-Fahrzeuge der Typen W 10 bis W 52 gebaut.

Die Weltwirtschaftskrise-Ende der zwanziger Jahre ging auch an den Wanderer Werken nicht spurlos vorüber, obwohl die Wagen höchste Anerkennung gefunden hatten. Eine Fusion mit den Zschopauer Motorenwerken I. S. Rasmussen AG, den Horch Werken AG und den Audi Werken AG, beide in Zwickau sowie den Wanderer Werken in Siegmar war der einzige Ausweg, um größere Verluste zu vermeiden. Der Zusammenschluss erfolgte im Juni 1932 und wurde rückwirkend auf den 1. November 1931 vollzogen. Die Automobilproduktion der Auto-Union-Werk Sieg-

Ansicht des Werkes im Jahre 1927

Blick in die Montagehalle

mar lief unter dem Namen „Wanderer" weiter und behielt weiterhin Weltruhm.

Auch die Auto Union-Werk Siegmar wurde in die Fertigung von Fahrzeugen für die Deutsche Wehrmacht einbezogen. So wurden ab dem Jahre 1934 Pkw-Kübelwagen gefertigt und ab 1939 ein 1,5 to Lkw mit einem luftgekühlten Motor von Steyr. Später kam noch der von Dr. Ing. h.c. F. Porsche entwickelte Raupenschlepper OST dazu. Außerdem lief noch in großen Stückzahlen die Fertigung von Panzermotoren der Type HL 230.

Als Rüstungsbetrieb blieb auch die Auto Union - Werk Siegmar von den anglo-amerikanischen Luftangriffen nicht verschont. Am 11. September 1944 wurde das Werk Siegmar sowie Teile der Stadt Siegmar durch Brand- und Sprengbomben zerstört. Im Januar 1945 konnte mit der Produktion der Motoren wieder

St 1500 A

begonnen werden. Bis zum Ende des Krieges wurde das Werk noch einige Male von den amerikanischen Truppen beschossen. Am 14. April 1945 wurde die Produktion eingestellt.

Am 17. August 1948 wurde die Auto Union AG im Handelsregister von Chemnitz gelöscht.

Von der ehemals 3500 Mann zählenden Belegschaft fanden sich wenige Tage nach der Kapitulation zirka 60 Mann ein, um mit dem Aufräumen und Sichten von noch vorhandenem Material zu beginnen.

So konnten Bettgestelle, Gaskocher, Küchensparherde, Handschlepprechen, Kartoffelwaschmaschinen, Rübenschneider, Gartengeräte und vieles mehr für die Landwirtschaft und die Bevölkerung, die ja durch die Zerstörung der Stadt auch nichts mehr hatte, hergestellt und vertrieben werden. An eine Neuproduktion von Fahrzeugen war auch gedacht, aber der Befehl zur Demontage und Zerstörung des Betrie-

W 23 Kübelwagen

bes als Reparationsleistung für die Sowjetunion, machte es zunichte.

Ausgehend von dem Willen der Arbeiter – vorwiegend Kraftfahrzeugschlosser, welche wieder Autos bauen wollten – wurde mit der Sowjetarmee verhandelt, erbeutete Personenkraftfahrzeuge aus den Beständen der Wehrmacht wieder instand zu setzen. Es dauerte auch nicht lange, bis aus Berlin und anderen Städten Lastkraftwagen zur Reparatur kamen. Damit war die Entwicklung des Betriebes in Richtung Kraftfahrzeugwesen wieder angelaufen. Unter welchen Bedingungen dabei gearbeitet wurde, ist heute nicht mehr vorstellbar.

Die Namen des Betriebes änderten sich von Sächsisches Aufbauwerk über einige weitere, bis am 13. Juli 1948 der Betrieb zur „IFA Vereinigung Volkseigener Fahrzeugwerke, Automobilwerk Siegmar" kam und wenige Tage später wieder als „Werk Siegmar" firmieren durfte. Die vielen Namensänderungen haben dem Ruf des Betriebes jedoch keinen Schaden gebracht. Das zeigte sich u. a. daran, dass die Zahl der zu reparierenden Fahrzeuge immer mehr zunahm. Das war der Zeitpunkt, zu dem der Betrieb von der AG Wismut übernommen wurde und mit ihm viele

Raupenschlepper OST

hochmotivierte Arbeiter und Angestellte. Das Instandsetzungsprogramm beschränkte sich nicht allein auf die in der Einleitung genannten Fahrzeugtypen.

Mit der zunehmenden Förderung des Erzes sowie dem weiteren Erschließen von neuen Schächten trat das Problem der Beförderung der Arbeitskräfte auf. Zur Lösung dieser Aufgabe wurden für das Fahrgestell des Lkw SIS 150 Omnibusaufbauten entwickelt und aufgesetzt und damit das Transportproblem vorerst gelöst. Monatlich wurden so bis zu 48 Fahrzeuge gefertigt und das drei Jahre lang.

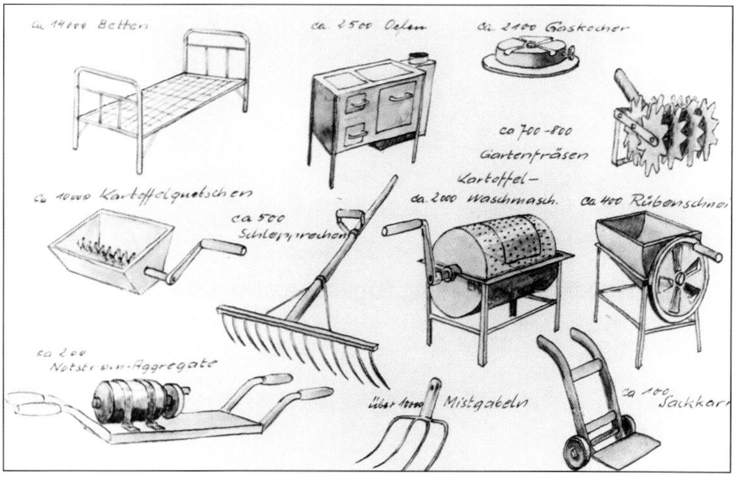

Das Fertigungsprogramm nach 1945

Weil dies keine Dauerlösung sein konnte und der Fahrzeugbau in der damaligen DDR langsam wieder in Gang kam, konnten für den Personentransport die Kraftomnibusse H 6-B vom Fahrzeugwerk „Ernst Grube" aus Werdau erworben werden. In den folgenden Jahren musste deren Instandhaltung und Grundinstandsetzung ebenfalls vorgenommen werden.

Das Einzugsgebiet der Wismut reichte inzwischen vom sächsischen bis in den Thüringer Raum. Der Arbeiterberufsverkehr musste auch dort durchgeführt werden. Manche Werktätige wurden täglich 60 bis 80 km zu ihrem Arbeitsplatz gefahren.

Dazu wurde der Fahrzeugpark durch den Neubau von Omnibus-Sattelaufliegern erweitert. Mit der Verbesserung der politischen und wirtschaftlichen Lage konnten diese Fahrzeuge durch Importe aus der CSSR mit dem KOM SKODA 706 sowie aus Ungarn mit den Typen Ikarus 31 und Ikarus 630 ersetzt werden. Auch für diese Fahrzeuge wurden die Grundinstandsetzungen fast bis zum Neuaufbau im Betrieb durchgeführt. Später wurden auch diese Fahrzeuge durch bessere und modernere Ikarus Busse ersetzt.

Der Transport der Güter konnte nicht lange mit den 3 bzw. 5 to fassenden Lastkraftwagen vorgenommen werden. Auch der Lkw H 6, vom Fahrzeugwerk E. Grube entwickelt, reichte nicht aus. Deshalb kaufte die Wismut aus der UdSSR große Kipper mit einer Tragkraft von 12 to. Mit dem Typ Jas 222, Kras 222 und später Kras 256 wurde der Fuhrpark erweitert. Für diese Fahrzeuge konnte die Grundinstandsetzung über ein Montageband durchgeführt werden, da monatlich bis zu 35 Fahrzeuge zu reparieren waren.

Auf die Fahrgestelle der Lkw Kras wurden weiterhin noch Sonderaufbauten wie Tankwagen, Spületransporter, Bohrwagen für Erkundungsbohrungen in verschiedenen Ausführungen gefertigt. Das war über Jahre das Aufgabengebiet des Betriebes.

Da im untertägigen Betrieb beim Abbau und bei der Förderung viele Mechanismen benötigt werden, hat auch hier der Betrieb einspringen müssen. So gab

Der KOM H 6 B vom Fahrzeugwerk Ernst Grube in Werdau

Ein Blick in die Montagehalle des Kraftomnibus SIS 150

Sattelauflieger mit H 6-Zugmaschine

Kras 222 Kipper

Bohrwagen für geologische Bodenuntersuchungen

es eine Abteilung, die nur Lutten in Blech- und in Plastausführung fertigte. Andere Abteilungen fertigten Zughaspeln, Kettensägen, Rollenmeisel, Hydroschläger, Glieder- und Gestängezangen, Spülköpfe, Wetterkühler u.v.m. Da es sich hier um keine Kfz-typischen Erzeugnisse handelt, wird hierauf nicht weiter eingegangen. Es sollte nur zum Ausdruck kommen, dass auch ein Betrieb aus dem Automobilbau andere Erzeugnisse fertigen kann.

Mit dem zunehmenden Bergbau untertage wurde der Fahrzeugbedarf reduziert. D. h.: Es waren Kapazitäten vorhanden, die sich auf den Fahrzeugbau, die Konstruktion und die Fertigung spezialisiert hatten. Im August 1961 wurde deshalb begonnen, auch für andere Einrichtungen Fahrzeuge zu fertigen. Für die damalige Volksarmee wurden Kübelwagen vom Typ P3, beginnend mit der O-Serie, gebaut. Nach einer Stückzahl von 675 Stück wurde die Produktion nach Ludwigs-

Kübelwagen P 3 für die NVA

den Jahren 1971–1973 die Fertigung von Tonübertragungswagen vorgenommen werden. 1978 war eines dieser Fahrzeuge auf der 10 Pf.-Briefmarke der DDR anlässlich des Weltfernmeldetages abgebildet.

Der Transport von Eintagsküken in alle Teile der Republik war 1974 ein Problem. Der Zucht- und Vermehrungsbetrieb in Spreenhagen wandte sich an den KRB (Kraftfahrzeugreparaturbetrieb nannte sich der Betrieb zwischenzeitlich) hier zu helfen. In Zusammenarbeit konnte ein Fahrzeug entwickelt werden, welches alle Anforderungen an das Transportvolumen und das erforderliche Klima erfüllte. So entstand ein Fahrzeug, mit dem 50.000 lebende Tiere bei gleichbleibender Temperatur, Sommers wie Winters, transportiert werden konnten. Als im VEB Barkas-Werk eine rationellere Lösung des Transportes von Karossen gebraucht wurde, erarbeiteten wieder die Ingenieure und Konstrukteure in kurzer Zeit eine Lösung. Mit dem neuen Transporter, der die Rohkarossen von Hainichen nach Karl-Marx-Stadt (Chemnitz) brachte, konnten bei jeder Fahrt 5 Karossen transportiert werden. Diese Fahrzeuge waren von 1973 an täglich auf der Autobahn zu sehen.

Zuarbeit leistete der KRB auch für andere Betriebe wie dem Fahrzeugwerk Ludwigsfelde, indem alle

felde verlagert. Für die NVA fertigten wir noch spezielle Sonderaufbauten und die strahlengeschützten Trinkwassertransportfahrzeuge mit Anhänger.

Weitere Interessenten wollten Fahrzeuge für spezielle Transporte; so z. B. als Fahrbüchereien. Mit diesen Fahrzeugen konnten in den Regalen rund 5000 Bücher, ca. 3000 Schallplatten, 1500 Tonbandkassetten und verschiedene Zeitschriften zur Ausleihe mitgeführt werden. Von diesen Fahrzeugen wurden ab 1970 ca. 20 Stück für viele Städte wie z. B. Dresden, Berlin, Neubrandenburg u. a. gefertigt.

Die Palette der Sonderfahrzeuge ging dann weiter, wie z. B. „Der mobile Augenoptiker", ein Agitationszug oder kommunale Transportfahrzeuge.

Der Deutsche Fernsehfunk wollte seinen Fuhrpark erneuern bzw. verbessern. Auch hier konnte in

Die Fahrbücherei, hier noch mit der H 6-Zugmaschine, später dann mit der W 50 Z

Agitationszug mit IFA W 50 Zugmaschine vor dem Karl-Marx-Monument in Karl-Marx-Stadt (jetzt Chemnitz)

Fahrzeuge mit Ladebordwand im Betrieb ausgestattet wurden. Die Fertigung der Ladebordwände gehörte seit 1976 zum ständigen Fertigungsprogramm.

In den Jahren 1969 bis 1973 wurden für den Schwermaschinenbau in Magdeburg für den Autodrehkran ADK 63/2 jährlich 500 Stück Fahrerkabinen produziert. Auch die Fertigung von 20 Kippaufbauten für den Dreiseitenkipper „Robur LD 3001", der jedoch nicht in Serie ging, war Hilfe für andere Betriebe. Einen großen Umfang nahm über viele Jahre die Fertigung der Aufbauten für den Multicar M 25 des Waltershausener Fahrzeugwerkes ein. Vom Wasserbehälter über den Sammelbehälter, die Kehrwalze und anderer Anbauteile erfolgte die Fertigung im Betrieb und ebenfalls die Montage des Gerätes an das Fahrzeug.

Zur besseren Versorgung der Kumpel am Arbeitsplatz in den Tagebauen wurden ausgemusterte Omnibusse zu Imbissfahrzeugen umgerüstet. Sie beinhalteten die Kantineneinrichtung mit Verkaufsstand und

Der „Mobile Augenoptiker" mit IFA W 50 Sattelzugmaschine

Tonübertragungswagen FZ 34 mit Sattelzugmaschine von Skoda-LIAZ

Imbissfahrzeug aus einem umgebauten Ikarus 31

15,84 m langer B 1000-Karossentransporter HLS 1000 mit IFA W 50 Sattelzugmaschine

Blick auf die Verladerampe mit Multicar M 25

Stehtischen. Mit der Stillegung der Tagebaubetriebe ging die Grundinstandsetzung der Fahrzeuge weiter zurück, so dass immer mehr Rationalisierungsmittel für den untertägigen Bergbau gefertigt werden mussten. Mit dem 1. Januar 1982 erhielt deshalb der Betrieb den Namen „SDAG Wismut Kraftfahrzeug- und Rationalisierungsmittelbaubetrieb Karl-Marx-Stadt" kurz KRB, welchen er auch bis zur Liquidierung im Jahre 1990 behielt. Rationalisierungsmittel wurden nicht nur für die Wismut gefertigt, sondern auch für andere Verkehrsbetriebe, so zum Beispiel das Radmutterlösegerät.

Im Kalibergbau waren untertage viele Dieselfahrzeuge im Einsatz, welche genau wie in den tiefliegenden Tagebauen giftige Abgase verursachten. In den Tagebauen wurden die Fahrzeuge mit einer Abgasneutralisationsanlage ausgerüstet, die auch in den Kalibetrieben zum Einsatz kam. Die Anlage mit den Bezeichnungen AD 16 und AD 22 war der Vorläufer der heutigen Katalysatoren.

Ja selbst für die Fertigung des neuentwickelten 1,3 Liter-Motors nach der Volkswagenlizenz wurde im Betrieb eine Taktstraße zur Bearbeitung und Prüfung der Saugrohre angelegt.

Für die Wintersportgebiete wurden nach westlichem Vorbild Pisten- und Loipenpflegegeräte gebraucht. Die Entwicklung und Fertigung wurde wieder dem KRB übertragen. Auch hier zeigte sich, wie kreativ die Ingenieure, Konstrukteure und Facharbeiter waren. 15 Geräte für die verschiedensten Anwendungsgebiete, nicht nur für den Einsatz im Schnee, sondern auch im Sand, im Kalitagebau, im Einsatz an

Ein W 50 mit der vom KRB gefertigten Ladebordwand

der Erdgastrasse der UdSSR oder beim Entschlämmen von Teichen, wurden gebaut.

In der kommunalen Wirtschaft fehlte es an kleinen Kehrmaschinen. In Abstimmung mit dem Fahrzeugwerk Waltershausen entwickelte und fertigte der KRB die selbstaufnehmende Kehrmaschine auf Multicar M25-Fahrgestell und gab sie 1987 in die Erprobung. Zu einer Fertigung größerer Stückzahlen ist es jedoch nicht mehr gekommen.

Auch in den Bergbaubetrieben musste rationeller produziert werden. Die Einführung der mobilen Technik, wie in den Kali- Betrieben, war ein weiterer Schritt dazu. So entstand ein Untertage-Diesel-Kipper, der von der Aufgabenstellung bis zur Fertigung in nur 16 Monaten produziert wurde. Mit einer Nutzlast von 15 to und einer Steigfähigkeit von 38% war es ein neues Erzeugnis dieselgetriebener Ausrüstungen im Bergbau, dem bald weitere folgen sollten.

Bald folgte der dieselgetriebene Lader UL 1.2 mit einem Schaufelvolumen von 2,5 cbm und einer Reißkraft der Schaufel von 12.000 kp. Die Lader fanden auch im Tunnelbau und Kavernenbau ihre Anwendung, weil sie aufgrund der großen Wendigkeit auf kleinstem Raum arbeiten konnten.

Der stilisierte Mutterschlüssel war das Firmenzeichen des KRB . Er war an vielen Erzeugnissen des Betriebes zu sehen. Weitere Spezialfahrzeuge für den Personen- und Materialtransport sind in den verschiedensten Abmessungen und Bauausführungen gefertigt worden.

Die Sammelbehälter für den Multicar M 25

Kükentransporter HLS 5001

Ein Fahrzeug für den Wäschetransport mit Sattelzugmaschine IFA W 50

Die selbstaufnehmende Kehrmaschine KM 25 auf Multicar M 25

Das Ende der 42jährigen Betriebsgeschichte

Als am 31. Dezember 1990 der Beschluss zur Einstellung der Uranproduktion kam, war auch das Ende des Kraftfahrzeug- und Rationalisierungsmittelbaubetriebes besiegelt. Am 20. Juli 1990 lief der letzte Kras 256 vom Montageband. Viele Mitarbeiter des Betriebes wurden mit einem Mal nicht mehr gebraucht. Jahrelange Erfahrung bei der Reparatur- und Fertigung von Fahrzeugen war nicht mehr gefragt. Mit dem 23. Juli 1990 wurden von den 1265 Mitarbeitern ca. 600 in Kurzarbeit, ja sogar in Null-Kurzarbeit, geschickt. Bis zum Jahresende verabschiedete man weitere der erfahrenen Kollegen in den Vorruhestand bzw. sie wurden entlassen.

Die SDAG Wismut hatte in ihren Betrieben in Sachsen und Thüringen z. Z. der Einstellung der Uranerzförderung noch rund 23.000 Beschäftigte. In der Zeit des Bestehens wurden dabei 220.000 to Uranerz gefördert und an die Sowjetunion geliefert.

Nach dem Ausstieg der UdSSR aus der Wismut entstand ein deutsches Unternehmen, welches in drei Sparten aufgegliedert wurde. Eine Sparte blieb der Fahrzeugbau. Damit änderte sich auch das Firmenlogo.

Aus guter Tradition fanden sich wieder engagierte Mitarbeiter, die versuchten eine neue Produktion aufzubauen. Unter großer Anstrengung konnten kurzfristig entwickelte Erzeugnisse wie Bauwagen, Raumzellen in Containern und Altstoffbehälter für Glas und Papier auf den Markt gebracht werden. Um wieder in den Fahrzeugbau zu kommen, wurde die Fertigung von Absetzcontainern und Abrollcontainern in verschiedenen Größen sowie von Müllpresscontainern begonnen.

Selbst der Fertigungsbeginn von Tiefladeanhänger konnte das verbliebene Arbeitskräftepotential nicht binden. Die neue Geschäftsleitung sah sich deshalb veranlasst, mit der Firma RENDERS N.V. aus Belgien einen Vertrag über die Fertigung und den Vertrieb von Sattelaufliegern und Anhängern abzuschließen, der langfristig 100 Arbeitskräfte binden sollte. Damit schied der Betrieb aus dem Unternehmen DFA, dem von der Wismut GmbH abgespalteten Zweig der Zuliefer- und Hilfsbetriebe des ehemaligen Bergbauunternehmens, aus.

Hiermit endet die Betriebsgeschichte eines Wismutbetriebes. Über das weitere Bestehen des Nachfolgebetriebes wurde ich als ehemaliger Mitarbeiter, der seit 1943 die Betriebsgeschichte miterlebt hat, nicht befugt zu berichten ...

PLG 1.1 beim Einsatz im Tagebau

Alle Fotos: Archiv Neubert

Ein PLG 1.1 im Einsatz von Oberwiesenthal

Der Untertagekipper UK 1

Spezialfahrzeug UM 3

Der Untertagelader UL 1.2

Spezialfahrzeug UM 1

Rückblick und Ausblick

Streifzug durch ein Jahrhundert europäische Nutzfahrzeuggeschichte

Von Dieter Hasemann

In den vergangenen Wochen und Monaten waren vielfältige Aktivitäten im Kreis der internationalen Automobilindustrie zu beobachten. Immer rastloser und hektischer wurde verhandelt, gekauft, verkauft, kooperiert, fusioniert, übernommen und wieder abgestoßen. Neue Gerüchte entstanden am Markt und lösten sich wieder auf; Absichtserklärungen wurden veröffentlicht und wieder verworfen. Verlautbarungen wurden erlassen und Pläne geschmiedet, die wenig später gegenstandslos waren. Es war manchmal nicht ganz einfach, noch den Überblick zu behalten. Was sich da in der Automobilbranche abspielte, und was keineswegs beendet ist, war gewissermaßen die letzte Schlacht der großen, international operierenden Unternehmen um die Verteilung der globalen Märkte und um die beste Ausgangsposition am Beginn des 21. Jahrhunderts.

Besonders bei den Lkw-Herstellern wird die Luft immer dünner, d. h. immer weniger Anbieter kontrollieren und dominieren immer größere Marktsegmente. So versucht ein jeder, sich besser zu positionieren als der Wettbewerber nach dem Motto: „Fressen oder gefressen werden". Jeder redet und verhandelt mit jedem, aber nicht immer kommt das gewünschte Ergebnis dabei heraus. Manchmal stimmt der Preis nicht, oder man schätzt sich nicht besonders, oder es funkt in letzter Minute das Kartellamt dazwischen. Der Konzentrationsprozess wird jedoch unaufhaltsam weitergehen. Nur wenige global agierende Unternehmen werden übrigbleiben, neben einer ganzen Reihe von sogenannten Nischenanbietern, die nur regionale oder nationale Märkte bedienen oder in Marktsegmenten wie Allradfahrzeugen, Schwerlastzugmaschinen, Kommunalfahrzeugen und Spezialfahrgestellen tätig sind. Gerade diese Nischenanbieter werden im gegenwärtigen globalen Strategiespiel oft übersehen, da sie nur geringe Mengen produzieren oder nur in ihrem Heimatmarkt bekannt sind. So hört und liest man ständig von nur noch sieben europäischen Nutzfahrzeugherstellern (Mercedes-Benz, MAN, Volvo, Scania, IVECO, Renault und DAF) und vergisst dabei, dass es noch rund 60 weitere Produzenten von Lastwagen und Spezialfahrzeugen über 3,5 t GG in Europa (ohne die GUS-Staaten) gibt.

Es kann kein Zweifel daran bestehen, dass die Übernahmen und Fusionen der letzten Jahre immer größer und spektakulärer und demzufolge auch medienwirksamer ausgefallen sind. Es ist auch richtig, dass viele, zum Teil recht prominente Lkw-Marken bereits seit vielen Jahren vom Markt verschwunden sind. Auf der anderen Seite sind aber etliche neue Marken, zumeist recht kleine Spezialfirmen entstanden. Was also ist neu, ist anders an der gegenwärtig so heiß diskutierten Übernahme- und Fusionswelle,

Büssing-Anzeige von 1910

Mulag mit Meiller-Kipper (Werkbild Meiller)

Mannesmann-Mulag mit Aufbau von Rose, Dortmund (Foto: Rose)

zwei Kleine und wieder war der Schauplatz Berlin. Die Siemens-Tochtergesellschaft Siemens & Halske, Hersteller von Elektrofahrzeugen, erwarb die Firma Protos. Fortan wurden alle Siemens-Lkw unter dem Markennamen Protos verkauft. Die Übernahme der Berliner Motorwagen Fabrik (BMF), die ihre Lastwagen unter der Marke Eryx vertrieb, begann 1908 mit einer Mehrheitsbeteiligung der Bielefelder Firma Dürkopp. Die restlichen Anteile kaufte Dürkopp 1911 und übernahm damit die BMF komplett.

1922 vermarkten die Automobilfabriken N.A.G., Hansa-Lloyd, Brennabor und Hansa ihre Produkte gemeinsam über die GDA

1907 begann auch eine fruchtbare Kooperation im Südwesten des Deutschen Reiches. Die Süddeutsche Automobil-Fabrik Gaggenau (Markenname: SAF oder SAG), 1905 aus der Firma Bergmann entstanden, wurde von dem Mannheimer Unternehmen Benz & Cie. mehrheitlich übernommen. Die Fertigung von Benz-Lkw wurde daraufhin nach Gaggenau verlagert. 1910 erwarb Benz & Cie. die restlichen Firmenanteile von SAF, so dass danach die Lkw-Markennamen SAF und SAG endgültig vom Markt verschwanden.

Die Aachener Firma Scheibler, die bereits 1905 in finanzielle Schwierigkeiten gekommen war und die Pkw-Produktion einstellen musste, wurde nach einem Vergleich neu gegründet und erhielt wenig später einen neuen Namen: Motoren- und Lastwagen AG (Mulag). Da die Probleme nicht enden wollten, kam es 1913 zur ersten deutschen Fusion im Nutzfahrzeugsektor, d. h. einem einvernehmlichen Zusammenschluss unter an-nähernd gleich potenten Unternehmen. Die Mulag fusionierte mit dem Lkw-Ableger des bekannten Röhrenherstellers Mannesmann zur Mannesmann-Mulag AG.

Zwei weitere Übernahmen sind für das Jahr 1913 zu vermelden. Der Aachener Pkw-Hersteller Talbot übernahm die kleine und kaum bekannte Firma Goossens, die bis in die 20er Jahre hinein in geringen Mengen Lastwagen baute. Die zweite Übernahme fand in Bremen statt. Dort baute die NAMAG (Norddeutsche Automobil- und Motorenfabrik AG), einer der damals wohl bedeutendsten Hersteller, Elektromobile unter der Marke Lloyd. Nicht weit von Bremen, in Varel, waren die Hansa-Werke beheimatet, die von der NAMAG übernommen wurden. Das neue Unternehmen, das sowohl elektrisch als auch benzingetriebene Fahrzeuge baute, nannte sich Hansa-Lloyd AG. Viele Jahre später entstand daraus die hinlänglich bekannte Firma Borgward.

Weitere Übernahmen und Fusionen wurden durch den beginnenden Weltkrieg verhindert. Das Heer hatte die Bedeutung des Lastwagens erkannt und erteilte der Industrie umfangreiche Aufträge. Bereits zuvor hatte es durch die „Subventionslaster", die vom Staat mitfinanziert wurden und im Kriegsfall an das Heer abgegeben werden mussten, einen beträchtlichen Aufschwung der Fahrzeugindustrie gegeben. Dies verstärkte sich nach 1914, so dass die existierenden Hersteller den Bedarf des Militärs kaum befriedigen konnten. Deshalb drängte die Armeeführung etliche Unternehmen der Stahl- und Maschinenbaubranche dazu, mit dem Lastwagenbau zu beginnen.

Während der Kriegsjahre bis 1918 stiegen neun Firmen – die wahren Kriegsgewinnler - in die Lastwagenfertigung ein: Apollo, Deutz, FMA, Komnick, MAN, Magirus, NAW/Selve, NSU, Vomag sowie als Nachzügler 1919 noch Krupp. Allein im Jahre 1917 bauten über 40 Hersteller rund 15.000 Lkw, die weitaus meisten davon für den Militäreinsatz. So viele Lkw-Firmen hat es in Deutschland nie wieder gegeben, denn

Anzeige von 1919 für den Allchin Dampflastwagen

seit den frühen 20er Jahren sank ihre Zahl kontinuierlich. Laut Statistik der Zeitschrift „Das Lastauto" waren es 1930 noch 25 Hersteller, darunter sechs in ausländischem Besitz. Bei der wichtigen Leistungsschau der deutschen Industrie, der Export-Messe 1949 in Hannover, waren noch 20 in West-Deutschland produzierende Nutzfahrzeughersteller vertreten.

Viele bekannte Markennamen verschwanden schließlich in den 60er und Anfang-70er Jahren vom Markt, z. B. Borgward, Hanomag, Henschel, Tempo, Krupp und Büssing, so dass nur wenige Lkw-Hersteller übrig blieben. Heute bauen acht deutsche Firmen Lastwagen und Spezialfahrzeuge, darunter die beiden Vollanbieter Mercedes-Benz und MAN, die praktisch das gesamte Lkw-Spektrum vom Kleinlaster bis zur Schwerlastzugmaschine abdecken. Die restlichen sechs Firmen bauen Spezialfahrzeuge und Sonderkonstruktionen in mehr oder weniger geringen Mengen, beispielsweise Kommunalfahrzeuge (Multicar und Kramer), Kranfahrzeuge (Demag und Liebherr), Schwerlastzugmaschinen (Titan) und Komponenten-Lkw (Bickel).

Britischer Elektro-Lastwagen von 1920, hergestellt durch Electromobile (Leeds) Ltd.

Von den Pionierfirmen des beginnenden 20. Jahrhunderts haben nur zwei Namen bis heute überlebt, Benz und Daimler sowie drei Namen und Marken aus der Zeit des 1. Weltkrieges, nämlich MAN, Magirus (nur noch als Hersteller von Feuerwehraufbauten) und FAUN (als Tochterunternehmen von Tadano). Karl Benz Name lebt noch in der Markenbezeichnung Mercedes-Benz weiter und Gottlieb Daimlers Name ist weiterhin, auch nach der Fusion mit Chrysler, im Namen der Konzernmutter enthalten: Daimler-Chrysler AG.

Der Blick ins Ausland soll uns zunächst nach Großbritannien führen, dem lange Zeit zweitgrößten Lkw-Markt in Europa. Die Entwicklung dort verlief in

Sentinel 6ton Dampflastwagen von 1920

mancherlei Hinsicht anders als in Deutschland. Die Anfänge der britischen Nutzfahrzeugindustrie waren ganz wesentlich durch den Dampfantrieb geprägt. Die schweren, schnaubenden Dampfschlepper mit mehreren Anhängern rumpelten schon etliche Jahre über die Landstraßen, bevor die ersten echten dampfgetriebenen Lastwagen 1896 erschienen. Die Pionierfirmen waren vor allem Thornycroft, Foden und die Lancashire Steam Motor Co., die Vorläufergesellschaft von Leyland. Die ersten Benzinlastwagen baute ab 1898 in Lizenz die Daimler Motor Company, eine Beteiligungsgesellschaft der deutschen DMG.

Dennis Fire Engine der F-Baureihe bei der Feuerwehr von Swansea in Wales

Um 1900 gab es in Großbritannien erst neun Nutzfahrzeugproduzenten: Albion, Daimler, Foden, Lancashire Steam, Maudslay, Tasker, Thornycroft, Tilling-Stevens und Yorkshire Steam Wagon Company. Ab 1902 ging es dann mit Firmenneugründungen und dem Einstieg ins lukrative Lastwagengeschäft Schlag auf Schlag. Die meisten der neuen Lkw wurden von Benzinmotoren angetrieben, z. B. Dennis, Commer, Hallford, Lacre, Pagefield, Straker und AEC. Dennoch gab es Firmen, die den Bau von Dampflastwagen neu aufnahmen, beispielsweise Sentinel, Allchin und Garrett. In keinem anderen europäischen Land war der Dampfantrieb so populär, wie in England. So kann es auch nicht verwundern, dass Firmen wie Foden und Sentinel noch bis Ende der 40er Jahre Dampflastwagen bauten, als diese in anderen Teilen Europas längst von den Straßen verschwunden waren.

Der Beginn des 1. Weltkrieges war auch für die britische Lkw-Industrie eine Art Initialzündung, da die Armee große Mengen an Fahrzeugen benötigte. Hauptprofiteure der Aufrüstung waren die Lkw-Marken Dennis, Wolseley, Thornycroft, Leyland und ganz besonders die Firma AEC. Da es in den Jahren vor Kriegsbeginn so viele Neugründungen (fast 30 zwischen 1900 und 1914) gegeben hatte, begannen während des Krieges nur noch drei Firmen mit der Lkw-Produktion: Atkinson, Caledon und Guy. Im Gegensatz zu Deutschland gab es in Großbritannien vor den 1. Weltkrieg auch noch keine wesentlichen Firmenübernahmen und Fusionen, vermutlich weil die

Auch Scammell ging im großen Leyland-Imperium auf, hier zwei Handyman Sattelschlepper in Malta

Die letzte Schwerlastwagenkonstruktion unter der Herrschaft von British Leyland, der Marathon von 1979, hier in Belgien mit Latré-Aufbau

meisten Hersteller erst ein paar Jahre später als in Deutschland begonnen hatten. Erst in den 20er Jahren kam es zu Übernahmen und Konkursen. So musste Belsize bereits 1921 die Lkw-Herstellung beenden und Hallford 1923. Ansonsten liefen die Geschäfte so gut, dass die Automobilindustrie blühte und gedieh, nicht zuletzt durch den damals schon sehr hohen Exportanteil. Großbritannien hatte nämlich in den 20er Jahren noch ein riesiges Kolonialreich, das nahezu ausschließlich mit britischen Gütern und natürlich auch Lastwagen versorgt wurde. Die erste große Pleite- und Übernahmewelle fand in der britischen Nutzfahrzeugindustrie erst im Verlauf der Weltwirtschaftskrise 1930 bis 1932 statt. Lkw-Marken wie Bean, Bristol, Halley, Star und McCurd, wenig später auch Beardmore, Fowler, Vulcan und Gilford verschwanden vom Markt. Dem standen kaum Neueinsteiger gegenüber, lediglich ERF und Bedford starteten mit der Lkw-Produktion Anfang der 30er Jahre.

Die nächste große Konzentrationswelle unter den britischen Lastwagen-Herstel-

AEC Mogul als Exportmodell in den Niederlanden

Leyland Hippo mit Kofferaufbau von Kässbohrer im Einsatz bei der britischen Royal Air Force in Deutschland (Kässbohrer-Werkbild)

lern fand in den 50er und 60er Jahren statt, als viele Unternehmen ihre angestammten Märkte verloren hatten und technisch ins Abseits gerieten. Dabei sammelte die Firma Leyland fast alles zusammen, was noch produzierte, und es entstand 1968 ein Gigant, British Leyland, der letztlich an seiner Unbeweglichkeit, Größe und mangelnden Innovationsfähigkeit scheiterte. Es blieb ein riesiger Scherbenhaufen zurück, die traurigen Überreste der einst so glorreichen britischen Nutzfahrzeugindustrie. Nur wenige Marken konnten sich dem Abwärtssog entziehen, wurden aber später fast alle von ausländischen Firmen aufgekauft.

Wie sieht es nun heute aus, was ist am Beginn des 21. Jahrhunderts noch da an alten oder neuen britischen Lkw-Marken? Zwar haben tatsächlich einige der alten Markennamen die Jahrzehnte überdauert, z. B. Foden, Atkinson, Leyland, Seddon und ERF, doch sie sind alle nicht mehr eigenständig, sind nur noch kleine, recht unbedeutende Anhängsel großer internationaler Konzerne mit geringen Produktionskapazitäten. Foden gehört seit 1981 der amerikanischen Paccar-Gruppe (Lkw-Marken: Kenworth, Peterbilt, DAF). Seddon-Atkinson, 1971 fusioniert, wurde 1983 von der spanischen ENASA (Lkw-Marke: Pegaso) geschluckt, die ihrerseits 1991 in der IVECO aufging. Die Reste von Leyland übernahm DAF 1987 und rettete die Firma vor dem Bankrott, bevor DAF 1995 selbst kurz vor dem Konkurs stand und durch Paccar gerettet wurde. Leyland wurde wieder ausgegliedert und auf eigene Füße gestellt. Doch die Firma erholte sich nicht und 1998 kaufte Paccar die Fabrik auf. ERF konnte sich vergleichsweise lange selbstständig halten, da eine Fusion mit Atkinson gescheitert war. 1996 übernahm schließlich die kanadische Firma Western Star (heute ein Teil des Daimler-Chrysler-Konzerns) ERF, und Anfang 2000 wurde ERF an die MAN verkauft.

Der einzige alte englische Lkw-Hersteller, der sich noch in britischem Besitz befindet, wenngleich unter dem Dach eines großen Konzerns, ist die Firma Dennis. Seit 1904 baut man kontinuierlich Lastwagen und Busse, obwohl Mitte der 70er Jahre auch in Guildford die Pleite drohte. Besonders mit den Feuerwehrfahrzeugen, seit jeher eine Domäne von Dennis, sowie mit speziellen Kommunalfahrgestellen konnte sich die Firma über Wasser halten. Außer Dennis gibt es heute nur noch vier unabhängige Hersteller von Spezial-

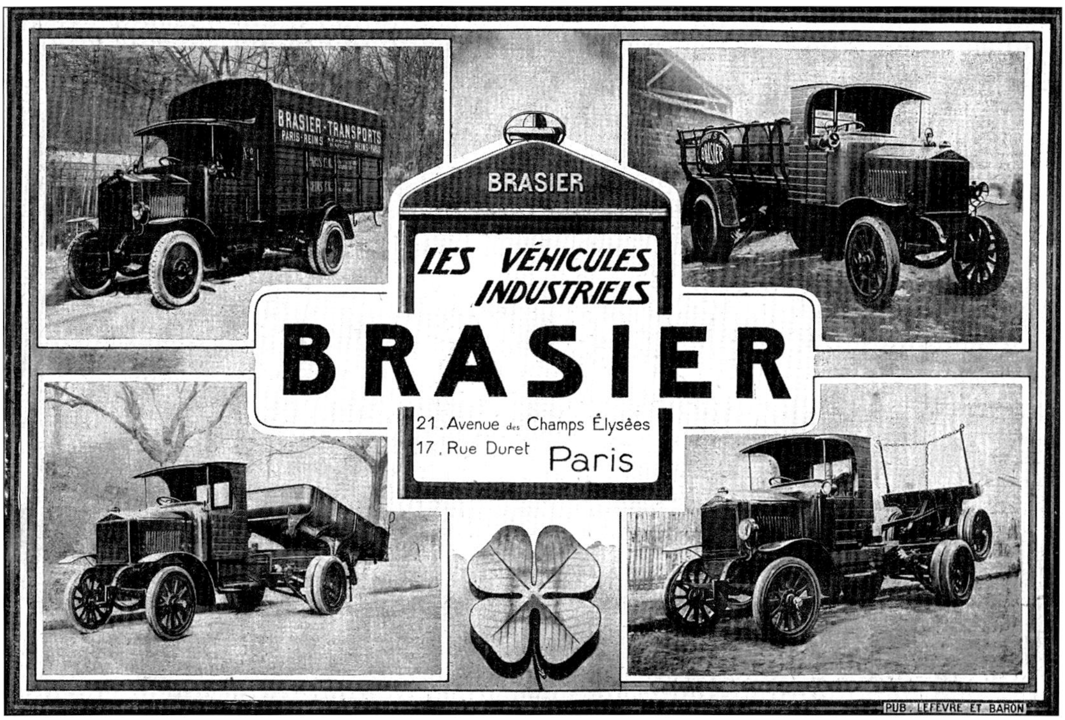

Das Brasier Programm von 1920

Latil-Anzeige von 1926

DeDion Bouton 30 PS-Müllkipper von 1923

fahrzeugen in England: Unipower, LDV, Marshall und Boughton-Reynolds. Sie bauen Kommunal-, Allrad- und Sonderfahrgestelle in Kleinserien oder als Einzelanfertigungen bzw. ehemalige Leyland-DAF-Lieferwagen wie bei LDV. Großbritannien spielt damit im internationalen Nutzfahrzeugbau nur noch eine untergeordnete Rolle.

Die dritte große Automobilnation in Europa war und ist Frankreich. Dort begann der Bau von kleinen benzingetriebenen Lieferwagen und dampfgetriebenen Lastwagen bereits 1895. Um 1900 bauten 12 Firmen Nutzfahrzeuge, darunter so bekannte Marken wie Peugeot, Panhard und Delahaye, aber auch heute längst vergessene Hersteller wie Leon Bollee, Prunel, Decauville, Purrey und Corre. Ähnlich den Deutschen bevorzugten auch die Franzosen von Anfang an Lastwagen mit Benzin- und Elektromotoren, der Dampfantrieb war nicht sehr erfolgreich. Die Pariser Firma Krieger, ein Spezialist für Elektromobile, verkaufte ihre Lizenzen schon früh ins Ausland, unter anderen nach Deutschland.

Eine regelrechte Gründungswelle im Automobilbereich erlebte Frankreich in den Jahren 1905 und 1906. Neben so berühmten Herstellern wie Renault, Latil, Berliet und Rochet-Schneider begannen auch unbekannte Firmen mit dem Bau von Lastwagen, u.a. Cohendet, DAC, Darracq, La Buire, Auto Camion, Brasier und Chenard-Walker. Insgesamt gab es zwischen 1900 und 1914 fast 40 Lkw-Hersteller in Frankreich, von denen allerdings einige nur sehr kurz existierten, beziehungsweise nur kurz Lastwagen bauten. So scheiterten die Firmen Auto Camion und DAC mit dem Lkw-Bau nach nur wenigen Monaten 1905/1906 und auch Darracq, Gladiator und Cohendet beendeten die Produktion bereits vor Ausbruch des 1. Weltkrieges. Vielleicht war der Autoboom zu schnell über die Franzosen hereingebrochen und es gab zu viele, die die Aufbruchstimmung ausnutzten, um einen schnellen Franc zu machen.

Während der Kriegsjahre 1914 bis 1918 erschienen nur drei neue Lkw-Marken: Dewald, Somua und Motobloc. Nachdem zu Beginn der 20er Jahre wieder etliche neue Lkw-Hersteller am Markt auftraten, darunter Willeme, Laffly, F.A.R. und Bernard, erreichte auch die französische Nutzfahrzeugindustrie ihre größte Markenvielfalt in den goldenen 20ern. In dieser Zeit kristallisierten sich bereits Berliet und Renault, die viele Jahre die französische Fahrzeugindustrie dominierten, als Marktführer mit beträchtlicher Jahresproduktionen heraus. Die ersten internationalen Kooperationen fielen ebenfalls in diese Periode. Die Schweizer Firma Saurer hatte eine Lkw-Produktion in Frankreich etabliert, zuerst in Zusammenarbeit mit Darracq, dann mit Hotchkiss. Leon Bollee kooperierte mit der englischen Firma Morris und baute kleine Lkw in Lizenz.

Berliet GDHM

Auch in Frankreich verdarb die Weltwirtschaftskrise Ende der 20er Jahre etlichen Herstellern das Geschäft, so dass einige aufgeben mussten, u. a. Dewald, Mathis, Aries, La Buire und Purrey. Nach dem Ende des 2. Weltkrieges war der Anbieterkreis von Nutzfahrzeugen in Frankreich weiter zusammengeschmolzen. Einige nahmen die Lkw-Produktion wieder auf, wenngleich nur mit geringem Erfolg. Während Berliet, Peugeot und Citroen immer stärker wurden, vergrößerten sich für andere die Absatzprobleme bei Lastwagen. Die 50er und 60er Jahre waren die Zeit der großen Fusionen und Übernahmen. Berliet übernahm 1951 Rochet-Schneider und ein Jahr darauf Laffly. Peugeot übernahm 1951 Chenard-Walker und 1954 fusionierten Hotchkiss und Delahaye. 1955 wurden Latil, Somua und Renault verschmolzen und es entstand die Marke Saviem. Bernard wurde 1963 von der amerikanischen Firma Mack und Unic wurde 1966 von Fiat übernommen.

Nach und nach verschwanden immer mehr Lkw-Marken. Das vorläufige Ende wurde 1978 erreicht, als Saviem und Berliet fusionierten und daraus RVI (Renault Vehicules Industrielles) entstand. Seither ist RVI der einzige Vollanbieter von Nutzfahrzeugen in Frankreich, aber auch nur, weil die zu Beginn der 90er Jahre angestrebte Übernahme durch Volvo damals gescheitert ist.

Erst in jüngster Zeit wurde die schwedisch-französische Allianz endgültig vollzogen. Renaults Konkurrenten Peugeot und Citroen sind schon vor vielen Jahren aus dem Schwerlastwagengeschäft ausgestiegen, sie bauen nur noch Lieferwagen und Kleinlaster.

Was gibt es sonst noch für Nutzfahrzeughersteller im heutigen Frankreich? Nur fünf kleine Spezialunternehmen produzieren noch: die Allrad- und Spezialfahrzeughersteller Thomas und Acmat, der Schwerlastzugmaschinenbauer Nicolas, der Kommunalfahrzeugproduzent Ponticelli und der Kranfahrzeugbauer PPM. Von den Namen der alten Pioniere existieren im Zusammenhang mit Nutzfahrzeugen nur noch zwei: Renault und Peugeot. Doch wie lange noch? Man kann feststellen, dass die französische Nutzfahrzeugindustrie im Laufe des 20. Jahrhunderts einen ganz ähnlichen Abstieg erlebt hat wie die britische!

Teil 2 der europäischen Nutzfahrzeuggeschichte folgt im nächsten Jahrbuch!

Alle Fotos: Archiv Regenberg

Latil 17,5 Tonner H16A1B8A aus der Gemeinschaftsproduktion von LRS Saviem im Jahre 1956

Renault „Schweröl"-Lastwagen von 1932

UNIC Esterel

Saviem JL 23 von 1961, wie er im Rahmen der Kooperation mit Henschel auch in Deutschland verkauft werden sollte.

Bernard P 2 P 150 mit einer 10 m^3 Kippmulde

Weitere empfehlenswerte Lastwagenbücher des Podszun-Verlags

Fordern Sie kostenlos und völlig unverbindlich unseren neuen Prospekt an mit Büchern über:

- Lastwagen
- Motorräder
- Autos
- Traktoren
- Feuerwehrfahrzeuge
- Baumaschinen

Verlag Podszun-Motorbücher
Postfach 1525
D-59918 Brilon
Fax 02961 / 2508

240 Seiten, 480 Abbildungen
22 x 28 cm, fester Einband
EUR 44,90

240 Seiten, 450 Abbildungen
22 x 28 cm, fester Einband
EUR 44,90

240 Seiten, 470 Abbildungen
22 x 28 cm, fester Einband
EUR 44,90

144 Seiten, 380 Abbildungen
21 x 28 cm, fester Einband
EUR 19,90

320 Seiten, 650 Abbildungen
22 x 28 cm, fester Einband
EUR 49,90

256 Seiten, 510 Abbildungen
22 x 28 cm, fester Einband
EUR 44,90

320 Seiten, 590 Abbildungen
22 x 28 cm, fester Einband
EUR 49,90

208 Seiten, 470 Abbildungen
21 x 28 cm, fester Einband
EUR 34,90

144 Seiten, 235 Abbildungen
21 x 28 cm, fester Einband
EUR 19,90

180 Seiten, 380 Abbildungen
21 x 28 cm, fester Einband
EUR 34,90

215 Seiten, 340 Abbildungen
21 x 28 cm, fester Einband
EUR 34,90

RATSSTUBE
Hausach
RATSSTUBE
OTTO HASER